U0173385

智慧熊
SMART BEAR

阅读强 | 少年强 | 中国强

专家审定委员会

励志版名著的6个关键词

“领悟性阅读”是人生成长过程中不可或缺的要素。如何用精品名著唤醒天性、唤醒心灵、点燃智慧之灯，同时兼顾学生学习的现实需要呢？

第一个关键词：价值阅读——“成就有价值的人生”

有价值的人生从价值阅读开始。在阅读的重要性与紧迫性已成为共识的情况下，最根本的问题就是读什么和怎么读。为此，励志版名著致力于通过对经典名著的价值解读，培养学生一生受用的品质。

第二个关键词：励志——“本书名言记忆”

一句名言可以影响人的一生。在供学生阅读的众多名著版本中，励志版名著是以励志为核心理念的。一本好书，必能启迪人心，滋养人的精神。因此，我们专注于传递名著中宝贵的人生经验和成长智慧。

第三个关键词：兴趣——“无障碍阅读”

针对阅读经验较少的学生，励志版名著依据《现代汉语词典》《辞海》《汉语大词典》等权威辞书对疑难字词进行注释，并参考相关资料对人物、好句等进行注解，从而帮助学生实现名著的无障碍阅读，激发学生的阅读兴趣。

第四个关键词：导学——“名师导学3-2-1”

名师门下出高徒。励志版名著邀请全国一线名师、教研员倾力把关“名师导学3-2-1”，强调在导学的基础上自主学习，把阅读延伸到书外。

第五个关键词：彩图——“图说名著”

全品系七百多幅精美插图，配以言简意赅的文字，达到“图说名著”的生动效果，这对提升学生的阅读兴趣，使其更好地理解每一本名著的意蕴，无疑会有很好的帮助。

第六个关键词：课标——“全课标素质解读”

强调课标与素质阅读的结合，是本丛书明显的特征。各版本语文教材中所选用的名著篇目，都在其中占有一席之地，倡导了“每一本名著都是最好的教科书”的理念。

简言之，我们殚精竭虑，注重每一个细节。因为，一个人物，拥有一段经历；一段故事，反映一个道理；一本好书，可以励志一生。

让名著发挥它人生成长导师的基本功能吧！

励志版名著编委会

励志版名著结构体例图

开宗明义　整体解读

全书导读是针对全书的综合性内容简述。内容涵盖作者、故事情节、主题等方面。通过全书导读，读者不用读全文，也能知道这本书整体叙述了什么。

图文并茂　相得益彰

精美的彩色插图，完美呈现经典情节，让读者在阅读文字的同时，有身临其境的感受，增加其阅读的乐趣。

名言启迪　励志人生

丛书特别关注名著中所传递的宝贵人生经验和成长智慧，分类整理了每本书中适合青少年收集的名言。

兼顾教材与素质培养

在供学生阅读的众多名著版本中，励志版名著是以励志为核心理念的，突显出关注素质成长的编辑宗旨。

无障碍阅读　分析与引导

注音释义，扫除字词障碍；批注点评，扫除理解障碍；成长启示，扫除感悟障碍。

查漏补缺　总结知识点

针对应试的需要，同时为了便于检测阅读效果，编者联合一线教师对每本书的重要知识点进行整理，以考题的形式帮助学生查漏补缺。

名著阅读专项规划方案

阅读不仅仅能让学生学会考试，还在某种程度上决定了学生应对未来生活和学习的基础能力。只有掌握了阅读的本领，学生才能更好地学习其他知识，才能更自信地融入社会，拓展更广阔的成长空间。

要使阅读学而有用，在短时间内提升阅读能力和文学素养，系统科学地阅读尤为重要。为此，我们为学生制订了一份科学合理的名著阅读计划。

阅读阶段	阅读要点	中小学生课外阅读推荐	推荐理由与检测	阅读量与阅读方法
第一阶段	掌握阅读（或流畅读）阶段（7～8岁）。这个阶段学生的知识和语法积累不足，认知能力有限，所以应适当避免阅读的复杂性。	《唐诗三百首》 《弟子规》 《三字经》 《成语故事》 《稻草人》 《木偶奇遇记》 《伊索寓言》 ……	励志版名著，由阅读专家及各省教研员为青少年专门打造，兼顾教材与素质培养，注重快乐阅读、无障碍阅读。 检测：能熟练阅读并复述1～3本必读名著的内容。	读 4 ～ 8 本名著（兼顾中外），以兴趣阅读为主，精读不少于 1 本，每周阅读时间不少于 6 小时，以便从小就养成良好的阅读习惯。
第二阶段	为学习新知而阅读（9～13岁）。前期（低年级）可以阅读无须专业知识铺底就能理解的书籍，后期（高年级）需要增加阅读的难度。	《三国演义》 《西游记》 《水浒传》 《城南旧事》 《格林童话》 《安徒生童话》 《鲁滨逊漂流记》 《汤姆·索亚历险记》 《海底两万里》 ……	励志版名著的书目，由中国的阅读专家和欧洲著名的内容提供商艾阁萌提供；借鉴了国外的兴趣阅读与素质培养的经验；辅以导读与思考题，可同时满足课堂教学的需要。 检测：能熟练引用名著内容并应用到写作当中。	读 8 ～ 16 本名著。应遵循由浅入深的原则，在关注 2 ～ 3 个品质主题的基础上，逐渐提高鉴赏能力。精读 3 本名著，每周阅读时间不少于 6 小时。
第三阶段	通过阅读，多角度了解人生（14 ～ 18岁），从一个初级阅读者逐渐成为一个成熟阅读者。要努力积累知识、发展潜力，学会理解与反思，达成个人目标。	《朝花夕拾》 《骆驼祥子》 《繁星·春水》 《格列佛游记》 《童年》 《简·爱》 《钢铁是怎样炼成的》 《假如给我三天光明》 《老人与海》 ……	励志版名著，从易至难，指导学生完成阶梯式阅读。它可以满足这个年龄段的学生对社会、对人生的好奇与探索。它保留了名著引导读者认识人生的特点。 检测：是否具有精读、反思、举一反三的能力。	这一阶段是青少年品质形成的重要时期，应增加精读书目数量，结合专项品质（如专注、乐观、进取、尊严等），进行重点阅读，以形成分析、反省、批判等综合能力。要记读书笔记。每周阅读时间不少于6小时。

注：励志版名著依据教材，但绝不仅仅服务于考试。如通过对《老人与海》的专项阅读，学生能够培养勇敢不屈、顽强坚毅的意志品质。这套名著强调对学生素质品质形成与成长的帮助。

无障碍阅读

彩插励志版

昆虫记

KUNCHONG JI

〔法〕法布尔 著

陈筱卿 译

时代文艺出版社

图书在版编目（CIP）数据

昆虫记 / (法) 法布尔著 ; 陈筱卿译. -- 长春 : 时代文艺出版社, 2021.6（2022.9重印）
（无障碍阅读 : 彩插励志版）
ISBN 978-7-5387-6831-2

Ⅰ. ①昆… Ⅱ. ①法… ②陈… Ⅲ. ①昆虫学－儿童读物 Ⅳ. ①Q96-49

中国版本图书馆CIP数据核字(2021)第108904号

昆虫记
KUNCHONG JI
〔法〕法布尔 著 陈筱卿 译

出 品 人：陈 琛
责任编辑：陆 风
装帧设计：韩志鹏
排版制作：李志国

出版发行：时代文艺出版社
地 址：长春市福祉大路5788号 龙腾国际大厦A座15层（130118）
电 话：0431-81629751（总编办） 0431-81629755（发行部）
网 址：weibo.com/tlapress（官方微博） sdwycbsgf.tmall.com（天猫旗舰店）
开 本：920mm × 1280mm 1/16
字 数：180千字
印 张：15.5
印 刷：江苏淮阴新华印务有限公司
版 次：2021年6月第1版
印 次：2022年9月第8次印刷
定 价：14.80元

如何进行价值阅读

——《昆虫记》一书以“法布尔的昆虫研究”为例进行解读

内容简介

法布尔从小就喜欢花鸟虫鱼，喜欢观察大自然。虽然他出身贫寒，连中学都没有读完，可是，他通过自学，最终获得了自然科学的博士学位。他历尽千辛万苦，依靠自己的能力掌握了关于昆虫的知识，虽然他的科学观察方法不被同行认可，对他的嘲讽之声不绝于耳，但这些都没有阻止他倾注更多的热情与精力在昆虫的观察与研究上，而这些成果，最终汇成了巨著——《昆虫记》。

价值解读

1. 关于坚持

法布尔的一生实际上并不顺利，他的教学方式被认为是激进的，他的研究方法被许多不理解他的人所反驳和嘲讽。他寻找到了一个荒石园，但在别人眼中，这不过是个废园。面对种种质疑和指责，他始终没有怀疑自己、否定自己，而是坚持自己所热爱的事业，并且把荒石园打造成了一座“昆虫实验室”。

价值启示：在前进的路上，我们也许会遇到许多阻碍，但只要坚持自己的理想，不灰心、不放弃，我们就不会轻易被打败。

2. 关于求真

法布尔能取得这么大的成就，是因为他的身上闪耀着求真的科学精神。他

敢于对流传已久的寓言提出质疑，用事实证明蝉和蚂蚁的寓言存在谬误；他细致入微地观察雌性大孔雀蝶吸引雄性大孔雀蝶的秘密，即使失败也毫不气馁。在追寻真相的过程中，他大胆假设、小心求证，不断进行观察与实验。法布尔曾说："在对某个事物说'是'以前，我要观察、触摸，而且不是一次，是两三次，甚至没完没了，直到我的疑心在如山的铁证下归顺听从为止。"

价值启示：求真，即追求真理，探求真相。只有拥有了求真的精神，我们才不会永远停留在前人的思想中，满足于已有的知识。我们要学会去怀疑、去求证，积极探求事物的真相。

3. 关于探索

法布尔把自己的业余时间全部放在了昆虫研究上，在生命的后三十五年，他一直居住在荒石园，直到八十岁高龄，他依然孜孜不倦地记录着昆虫们的生育、劳作、狩猎、婚嫁与死亡。在探索昆虫世界、探索大自然的过程中，他也写下了自己对人生和生命的感悟。

价值启示：科学技术的进步、社会的发展都离不开探索精神。探索的过程或许曲折艰辛、困难重重，但只要我们始终不停下脚步，相信总有一天能够揭开宇宙万物的奥秘。

△ 蝉从壳中蜕变出来后，与先前的模样大相径庭！双翼湿润、沉重、透明，上面有一条条的浅绿色脉络。胸部略呈褐色。身体的其余部分呈浅绿色，有一处处的白斑。这脆弱的小生命需要长时间地沐浴在空气和阳光之中，以强壮身体，改变体色。

△ 螳螂以这种奇特姿态一动不动地待着，目光死死地盯住大蝗虫，对方移动，它的脑袋也跟着稍稍转动。蝗虫本是个长腿的蹦跳者，善于高跳，轻而易举地就能跳出对方利爪的范围，可它却偏偏蠢乎乎地待在原地，甚至还慢慢地向对方靠近。

△“我”就用蝉来喂养它们（绿蝈蝈）。它们觉得这道菜非常合胃口，所以两三个星期的工夫，“我”那笼子里就一片狼藉，蝉脑袋、空胸壳、断翅膀、断肢碎爪，无处不在。只有肚子几乎整个儿地不见了。肚腹是块好肉，虽然营养成分不高，但看来味道很好。

△ 蟋蟀工兵用前爪挖掘，利用其颚钳挖掉大沙砾。“我”看见它用它那有两排锯齿的有力的后腿在蹬踢，把挖出的土踹到身后，呈一斜面。这就是它筑巢做窝的全部工艺。

△ 这个人见人爱的小东西（萤火虫），为了表达生活的欢乐，竟然在屁股上面挂了一只小小的灯笼。炎热的夏夜里，没有人没见过它。

△ 五月带着鲜花和阳光来了。四月里挖土方的工人现在变成了采花工。“我”无论何时都能够看见它们（隧蜂）待在开了天窗的小土包顶上，个个都浑身沾满黄花粉。

全书导读

1879年，法布尔用积攒下来的钱，在小镇附近买了一处老旧民宅，他用当地的普罗旺斯语给它起了个雅号——荒石园。这是一块偏僻的不毛之地，却是昆虫钟爱的地方，除了可供家人居住外，那里还有法布尔的书房、工作室和实验场。就是在这里，法布尔年复一年，不知疲倦地从事着昆虫学的研究，最终完成了这部历时五十年的科学巨著——《昆虫记》。

《昆虫记》(又译为《昆虫物语》或《昆虫学札记》)，被称为“昆虫的史诗”。《昆虫记》原著长达十卷，每一卷均由许多章节组成，每一种昆虫所占的篇幅不尽相同，而且不同昆虫的章节之间并无不可分割的联系。《昆虫记》原著自问世以来，已被译为多种文字，而汉译本在20世纪20年代就已经有了，还引起了当时广大读者的浓厚兴趣。到了90年代末，中国再度掀起了“法布尔热”，出现了多种《昆虫记》的摘译本、缩写本，甚至全译本。

打开《昆虫记》，螳螂、蝉、蚂蚁等许多人们熟知的昆虫进入了我们的视野，我们不但能从中了解到昆虫生老病死的生命历程，了解昆虫的喜怒哀乐的丰富情感，了解昆虫经历的种种艰辛与危险，而且还能从中获得深刻的人生体验与生活感悟。书中详细并深刻地描绘了为快乐而放声高歌、永远不知疲倦的歌唱家蟋蟀；在夜间的树丛中演奏交响曲的意大利蟋蟀；外表看起来既弱又小，实际上却会麻醉猎物的萤火虫；外表美丽而天性凶狠的冷酷“杀手”螳螂等昆虫，生动地再现了昆虫的本能、习性、劳动、婚恋、繁衍和死亡等情景，客观真实的描述中渗透着浓厚的人文关怀，让读者在领略昆虫虫性的基础上反观社会人生，字里行间洋溢着睿智的哲思与优雅的情致。

名师导学3-2-1

3 个阅读要点

◎作者的精彩描述为我们揭开了昆虫世界的真面目，这个世界不仅充满生机，而且包含着无穷的科学真理，阅读时注意细心体会自然的神奇和奥秘。

◎要想准确了解昆虫的习性，就需要对昆虫进行长时间的观察，这个过程不仅漫长烦琐，还不能惊吓到昆虫，体会作者观察时的辛劳和执着。

◎不论哪种昆虫，法布尔都怀有强烈的好奇心和求知欲，阅读中注意品味昆虫给作者带来的喜悦和乐趣。

2 个知识要点

◎作者以轻松、流畅、亲切、幽默的笔调，朴实自然地写出了关于昆虫的知识，使原本深奥难懂的内容变得通俗易懂，体会作者的语言美。

◎作者为了使表达更准确、更易于理解，在文中列举了大量数字，还运用比喻、拟人等修辞手法，这种描写方法值得我们学习借鉴。

1 个成长要点

◎《昆虫记》不仅洋溢着作者对生命的敬畏之情，还蕴含着作者对科学的求真、求实精神。我们应该有追求真理的勇气和毅力，对自己感兴趣的事情应该有始有终地去把它做好，相信自己的能力，最大限度地发挥自己的潜能。哪怕你的追求在别人看来是枯燥的、乏味的，但只要你有恒心，就一定可以创造出奇迹。

目　录

CONTENTS

荒石园

导读

法布尔四十年如一日地辛勤耕耘着，他的心中一直有一个梦想，希望拥有属于自己的实验室。终于，这个梦想实现了——荒石园，一块偏僻荒芜的不毛之地，成了他的昆虫乐园。在这儿，法布尔怀着激动的心情，重新踏上了他的昆虫研究之路……

那儿是我情有独钟的地方，是一块不算太大的地方，是我的roc erat in vofisa（此为拉丁文，出自古罗马诗人贺拉斯的《讽刺诗集》，意为“钟情宝地”），周围有围墙围着，与公路上的熙来攘往、喧闹沸扬相隔绝，虽说是偏僻荒芜的不毛之地，无人问津，又遭日头的暴晒，却是刺茎菊科植物和膜翅目昆虫们所喜爱的地方。因无人问津，我便可以在那里不受过往行人的打扰，专心一意地对沙泥蜂和石泥蜂等进行艰难的探索。这种探索难度极大，只有通过实验才能完成。我无须在那里耗费时间，伤心劳神地跑来跑去，东寻西觅，无须慌急慌忙地赶来赶去，我只是安排好自己的周密计划，细心地设置下陷阱圈套，然后，每天不断地观察记录所获得的成果。是的，“钟情宝地”，那就是我的夙愿（一向怀着的愿望。夙，sù），我的梦想，那就是我一直苦苦追求但总难以实现的一个梦想。

一个每天都在为生计操劳的人，想要在旷野之中为自己准备一个实验室，实属不易。我四十年如一日，凭借自己顽强的意志力，与贫困潦倒的生活苦斗着，终于有一天，我的心愿得到了满足。这是我孜孜不倦、顽强奋斗的结果，其中的艰苦繁难我在此就不赘（zhuì，多余的；无用的）述了，反正，我的实验室算是有了。尽管它的条件并不十分理想，但是，有了它，我就必须拿出点儿时间来侍弄它。其实，我如同一个苦役犯，身上锁着沉重的锁链，闲暇时间并不太多。但是，愿望实现了，总是好事，只是稍嫌迟了一些，我可爱的小虫子们！我真害怕，到了采摘梨、桃等瓜果之时，我的牙却啃不动它们了。是的，确实是来得晚了点儿：当初那广阔的旷野，而今已变成了低矮的穹（qióng）庐，令人窒（zhì）息憋闷，而且还在日益地变低、变矮、变窄、变小。对于往事，除了已失去的东西外，我并无丝毫的遗憾，没有任何的愧疚，甚至对我那消逝而去的光阴也是如此，而且，我对一切都已不再抱有希望了。我已遍尝世态炎凉，体味甚深，我已心力交瘁（精神和体力都极度疲劳），心灰意冷，每每禁不住要问问自己：为了活命，吃尽苦头，是否值得？我此时此刻的心情就是这样。

我放眼四周，只见一片废墟，唯有一堵断壁残垣（yuán）危立其间。这个断壁残垣因为是石灰沙泥浇灌凝固而成，所以仍然兀立在废墟的中央。它就是我对科学真理的热爱与执着追求的真实写照。啊，我心灵手巧的膜翅目昆虫们，啊，我的这份热爱能否让我有资格给你们的故事追加一些描述呀？我会不会心有余而力不足啊？我既然心存这份担忧，为何又把你们抛弃了这么长的时间呢？有一些朋友已经因此而责备我了。啊，请你们去告诉他们，告诉那些既是你们的也是我的朋友，告诉他们我并不是因为懒惰和健忘，才抛弃了你们的。告诉他们我一直惦记着你们。告诉他们我始终深信节腹泥蜂的秘密洞穴中还有许多尚待我们去探索的有趣的秘密。告诉他们飞蝗泥蜂的猎食活动还会向我们提供许多有趣的故事。然而，我缺少时间，又是单枪匹马，孤立无援，无人理睬，何况，我在高谈阔论、纵横捭阖（指在政治、外交上运用手段进行联合或分化。捭阖，bǎihé）之前，必须先考虑生计的问题。我请你们就这么如实地告诉他们吧，他们会原谅我的。

还有一些人在指责我，说我用词欠妥，不够严谨，说穿了，就是缺少书卷气，没有学究味儿。他们担心，一部作品让读者读起来容易，不费脑子，那么，该作品就没能表达出真理来。照他们的说法，只有写得晦涩难懂，让人摸不着头脑，那作品才是思想深刻的了。你们这些身上或长着螫针（蜜蜂、胡蜂等尾部的毒刺，尖端有倒钩。螫，shì）或披着鞘翅（瓢虫、金龟子等昆虫的前翅，质地坚硬，静止时，覆盖在膜质的后翅上，好像鞘一样。鞘，qiào）的朋友，你们全都过来吧，来替我辩白，替我做证。请你们站出来说一说，我与你们的关系是多么亲密，我是多么耐心细致地观察你们，多么认真严肃地记录下你们的活动。我相信，你们会异口同声地说：“是的，他写的东西没有丝毫的言之无物的空洞乏味的套话，没有丝毫不懂装懂、不求甚解的胡诌（zhōu）瞎扯，有的却是准确无误地记录下来的观察到的真情实况，既未胡乱添加，也未挂一漏万（形容列举不全，遗漏很多）。”今后，但凡有人问到你们，请你们就这么回答他们吧。

另外，我亲爱的昆虫朋友们，如果因为我对你们的描述没能让人生厌，因而说服不了那帮嗓门儿很大的人的话，那我就会挺身而出，郑重地告诉他们：“你们是把昆虫开膛破肚，而我是在它们活蹦乱跳的情况下进行研究；你们把昆虫变成一堆既可怖又可怜的东西，而我则使得人们喜欢它们；你们在酷刑室和碎尸场里工作，而我是在蔚蓝的天空下，在鸣蝉的歌声中观察；你们用试剂测试蜂房和原生质，而我却研究本能的最高表现；你们探究死亡，而我却探究生命。”因此，我完全有资格进一步地表明我的思想：野猪把清泉的水给搅浑了（出自《伊索寓言》，野猪是一个爱使坏的形象），原本是青年人的一种非常好的专业——博物史，因越分越细，相互隔绝，互不关联，竟至成了一种令人心生厌恶、不愿涉猎的东西。诚然，我是在为学者们而写，是在为将来有一天或多或少地为解决“本能”这一难题做点儿贡献的哲学家们而写，但是，我也是在，而且尤其是在为青年人而写，我真切地希望他们能热爱这门被你们弄得让人恶心的博物史专业。这就是我竭力地坚持真实第一，一丝不苟，绝不采用你们的那种科学性的文字的缘故。你们的那种科学性的文字，说实在的，好像是从休伦人（17世纪的北美洲印第安人中的一支）所使用的土语中借来的。这种情况，并不鲜见。

然而，此时此刻，我并不想做这些事。我想说的是我长期以来一直魂牵梦萦着的那块计划之中的土地，我一心想着把它变成一座活的昆虫实验室。这块地，我终于在一个荒僻的小村子里寻觅到了。这块地被当地人称为“阿尔玛”，意为“一块除了百里香恣(zì)意生长，几乎没有其他植物的荒芜之地”。这块地极其贫瘠，满地乱石，即使辛勤耕耘，也难见成效。春季来临，偶尔带来点儿雨水，乱石堆中也会长出一点儿草来，随即引来羊群的光顾。不过，我的阿尔玛，由于乱石之间仍夹杂着一点儿红土，所以还是长过一些作物的，据说，从前那儿就长着一些葡萄。的确，为了种上几棵树，我就在地上挖来刨去，偶尔会挖到一些因时间太久而已部分碳化了的实属珍稀的乔木的根茎来。于是，我便用唯一可以刨得动这种荒地的农用三齿长柄叉来又刨又挖的。然而，每每都会感到十分遗憾，据说最早种植的葡萄树没有了，而百里香、薰衣草也没有了。一簇簇的胭脂虫栎也见不着了。这种矮小的胭脂虫栎本可以长成一片矮树林的，它们确实长不高，只要稍微抬高点儿腿，就可以从它们上面迈过去。这些植物，尤其是百里香和薰衣草，能够为膜翅目昆虫提供它们所需要采集的东西，所以对我十分有用，我不得不把偶尔被我的农用三齿长柄叉刨出来的又给栽了进去。

在这儿大量存在着的，而又无须我去亲手侍弄的是那些开始时随着风吹的土粒而来，而后又长年积存起来的植物。最主要的是犬齿草，那是十分讨厌的禾本科植物，三年炮火连天、硝烟弥漫的战争都没能让它们灭绝，真是野火烧不尽，春风吹又生。数量上占第二位的是矢车菊，全都是一副桀骜不驯（性情倔强不驯顺。桀骜，jié'ào）的样子，浑身长满了刺，或者长满了棘，其中又可分为两年生矢车菊、蒺藜（jí·lí）矢车菊、丘陵矢车菊、苦涩矢车菊，而尤以两年生矢车菊数量最多。各种各样的矢车菊相互交织，彼此纠缠，乱糟糟地簇拥在一起。其中可见一种菊科植物，形同枝形大烛台似的支棱着，凶相毕露，被称为西班牙刺柊（zhōng），其枝杈末梢长着很大的橘红色花朵，似火焰一般，而其刺茎则是硬如铁钉。长得比西班牙刺柊要高的是伊利大刺蓟（jì），它的茎孤零零地“独立寒秋”，笔直硬挺，高达一两米，梢头长着一个硕大的紫红色绒球，它身上所佩带的利器，与西班牙刺柊相比，毫不逊色。也别忘了，还有刺茎菊科类植物。首先必须提到的是恶蓟，浑身带刺，致使采集者无从下手；其次是披针蓟，阔叶，叶脉顶端是梭镖状硬尖；最后是越长颜色越黑的染黑蓟，这种植物缩成一个团，状如插满针刺的玫瑰花结。这些蓟类植物之间的空地上，爬着荆棘的新枝丫，结着淡蓝色的果实，枝条长长的，像是长着刺的绳条。如果想要在这杂草丛生的荆棘中观察膜翅目昆虫采蜜，就得穿上半高筒长靴，否则腿肚子就会被拉得满是条条血丝，又痒又疼。当土壤尚留下春雨所能给予的水分，墒情（土壤湿度的情况。墒，shāng）尚可时，角锥般的刺柊和大翅蓟细长的新枝丫便会从由两年生矢车菊的黄色头状花序铺就的整块地毯上生长出来。这时候，在这种荒凉贫瘠的艰苦环境下，这种极具顽强生命力的荆棘必定会展现出它们的某些娇媚来的。四下里矗立着一座座狼牙棒似的金字塔，伊利里亚矢车菊投出它那横七竖八的标枪来。但是，等到干旱的夏日来临时，这儿呈现的是一片枯枝败叶，划根火柴，就会点着整块的土地。这就是我意欲从此永远与我的昆虫们亲密无间地生活的美丽迷人的伊甸园，或者，更确切地说，我一开始拥有这片园子时，它就是这么一座荒石园。我经过了四十年的艰苦努力，顽强奋斗，最终才获得了这块宝地。

我称它为美丽迷人的伊甸园，看来我这么说还是恰如其分的。这块没人看得上眼的荒地，可能没一个人会往上面撒一把萝卜籽的，但是，对于膜翅目昆虫来说，它可是个天堂。荒地上那茁壮成长的荆棘、蓟类植物和矢车菊，把周围的膜翅目昆虫全都吸引了来。我以前在野外捕捉昆虫时，从未遇到过任何一个地方，像这个荒石园那样，聚集着如此之多的昆虫，可以说，所有的膜翅目昆虫全都聚集到这里来了。它们当中，有专以捕食活物为生的“捕猎者”，有用湿土建造房屋的“造房筑窝者”，有梳理绒絮的“整理工”，有在花叶和花蕾中修剪材料备用的“备料工”，有用碎纸片建造纸板屋的“建筑师”，有搅拌泥土的“泥瓦工”，有为木头钻眼的“木工”，有在地下挖掘坑道的“矿工”，有加工羊肠薄膜的“技工”……还有不少干什么什么的，我也记不清了。

这是个干什么的呀？它是一只黄斑蜂。它在两年生矢车菊那蛛网般的茎上刮来刮去，刮出一个小绒球来，然后，它便得意扬扬地把这个小绒球夹在大颚间，弄到地下，制造一个棉絮袋子来装它的蜜和卵。那些你争我斗、互不相让的家伙是干什么的呀？那是一些切叶蜂，腹部下方有一个花粉刷，刷子颜色各异，有的呈黑色，有的呈白色，有的则是火红火红的颜色。它们还要飞离蓟类植物丛，跑到附近的灌木丛中，从灌木的叶子上剪下一些椭圆形的小叶片，把它们组装成容器，来装它们的收获物——花粉。你再看，那些一身黑绒衣服的，都是干什么的呀？它们是石泥蜂，专门加工水泥和卵石的。我们可以在荒石园中的石头上，很容易地看到它们所建造起来的房屋。还有那些突然飞起，左冲右突，大声嗡鸣的，是干什么的呀？它们是沙泥蜂，它们把自己的家安在破旧墙壁和附近向阳物体的斜面上。

现在，我们看到的是壁蜂。有的在蜗牛空壳的螺旋壁上建造自己的窝；有的在忙着啄一段荆条，吸去其汁液，以便为自己的幼虫做成一个圆柱形的房屋，而且，房屋中用隔板隔开，隔成一层一层的，俨然一幢楼房；有的还在设法将一个折断了的芦苇作为天然通道派上用场；还有的，干脆就乐享其成地免费使用高墙石缝空闲着的走廊。让我们再来看看：那是大头蜂和长须蜂，其雄蜂都长着高高翘起的长触角；那是毛斑蜂，它的后爪上长着一个粗大的毛钳，这是它的采蜜器官；那些是种类繁多的土蜂；此外，还有一些隧蜂，腰腹纤细。我就先这么简要地提上一句，不一一赘述，否则我得把采花蜜的昆虫全都记录下来了。我曾经把我新发现的昆虫呈送给波尔多（法国西南部的一个中心城市）的昆虫学家佩雷教授，他问我是否有什么特别的捕捉方法，怎么会捕捉到这么多既稀罕鲜见而又全新的昆虫品种。我并不是什么捕捉昆虫的专家学者，更不是一心一意地在寻找昆虫、捕捉昆虫、制作标本的专家学者，我只是对研究昆虫的生活习性颇感兴趣的昆虫学爱好者。我所有的昆虫全都是我在长着茂密的蓟类植物和矢车菊的草地上捉到并喂养着的。

真是机缘巧合，与这个采集花蜜的大家庭在一起的还有一群群捕食采蜜者的猎食者。泥瓦匠们在我的荒石园中垒造园子围墙时，遗留下来不少的沙子和石头，这儿那儿地随意堆放着。由于工程进展缓慢，拖了又拖，一开始就运到荒石园来的这些建筑材料便这么遗弃着。渐渐地，石蜂们选中石头之间的空隙投宿过夜，一堆一堆地挤在一起。粗壮的斑纹蜂遇到袭击时，会向你迎面扑来，不管侵袭者是人还是狗；它们往往选择洞穴较深的地方过夜，以防金龟子的侵袭。白袍黑翅的鹡鸰（jílíng）鸟，宛如身着多明我会（天主教托钵修会主要派别之一。因注重传道活动，又称“传道兄弟会”。其会士戴黑色风帽。1215年由西班牙人多明我创立）服装的修士，栖息在最高的石头上，唱着它那并不动听的小曲短调。离它所栖息的石头不远，必定有它的窝巢，大概就在某个石头堆中，窝巢内藏着它的那些天蓝色的小蛋蛋。不一会儿，这位“多明我会修士”便不见了踪影，消失在石头堆中了。我对这个鹡鸰鸟却是颇有点儿怀念，而对于那长耳斑纹蜂，我却并不因它的消失而感到遗憾。

沙堆却是另一类昆虫的幽居之所。泥蜂在那儿清扫门庭，用后腿把细沙往后蹬踢，形成一个抛物形；朗格多克飞蝗泥蜂用触角把无翅螽（zhōng）斯咬住，拖入洞中；大唇泥蜂正在把它的储备食物——叶蝉藏入窖中。让我心疼不已的是，泥瓦匠终于把那儿的猎手们全都给撵走了，不过，一旦有这么一天，我想让它们回来的话，我只需再堆起一些沙堆，它们很快也就归来了。

居无定所的各种沙泥蜂倒是没有消失。我在春季里可看见某些品种的沙泥蜂，在秋季里又可看见另一些品种的沙泥蜂，飞到荒石园的小径草地上，跳来飞去，寻找毛虫。

各种蛛蜂也留在了园中，它们正拍打着翅膀，警惕地飞行着，朝着隐蔽的角落，去捕捉蜘蛛。个头儿大的蛛蜂则窥伺着狼蛛，而狼蛛的洞穴在荒石园中则有的是。这种蜘蛛的洞穴呈竖井状，井口由禾本科植物的茎秆中间夹着蛛丝做成的护栏保护着。往洞穴底部看去，大多数的狼蛛个头儿很大，眼睛闪烁发亮，让人看了直起鸡皮疙瘩。对于蛛蜂来说，捕捉这种猎物可是非同小可的事啊！好吧，让我们观观战吧。在这盛夏午后的酷热之中，蚂蚁大队爬出了“兵营”，排成一字长蛇阵，到远处去捕捉奴隶。让我们不妨忙里偷闲，随着这蚂蚁大军前行，看看它们是如何围捕猎物的吧。那儿，在一堆已经变成了腐殖质（动植物残体在土壤中经微生物分解而形成的有机物质，能改善土壤，增加肥力）的杂草周围，只见一群长约一点五法寸（法国长度单位，1法寸约为27毫米）的土蜂正没精打采、懒洋洋地飞动着，它们被鳃金龟子、蛀犀金龟子和金匠花金龟子的幼虫吸引住了，那可是它们丰盛的美餐啊，所以便一头钻进那堆杂草中去了。

值得观察研究的对象简直是太多太多了，而且，光是这里，也只是提到了一部分而已！这座荒石园，人去楼空，房屋闲置遗弃，地也撂荒了。没有人住的这座荒石园，成了动物的天堂，没有人会伤害它们了，它们也就占据了这儿的角角落落。黄莺在丁香树丛中筑巢搭窝；翠鸟在柏树那繁茂的枝叶间落户安家；麻雀把碎皮头和稻草麦秆衔到屋瓦下；南方的金丝雀在它们那建在梧桐树梢的没有半个黄杏大的小安乐窝里鸣叫；红角鸮（xiāo）习惯了这儿的环境，晚间飞来唱它那单调的歌曲，声似笛音；被人称为雅典娜鸟的猫头鹰也飞临此地，发出它那刺耳的咕咕声响。这座废弃屋前有一个大池塘。向村子里输送泉水的渡槽（跨越山谷、道路、水道的桥梁式水槽，两端与渠道相接），顺带着也把清清的流水送到这个大池塘中。动物发情的季节，两栖动物便从方圆一千米处往池塘边爬来。灯芯草蟾蜍（chánchú）——有的个头儿大如盘子，背上披着窄小细长的黄绶带，在池塘里幽会、沐浴；日暮黄昏时，“助产士”雄蟾蜍的后腿上挂着一串胡椒粒似的雌蟾蜍的卵——这位宽厚温情的父亲，带着它珍贵的卵袋从远方蹦跳而来，要把这卵袋没入池塘中，然后再躲到一块石板下面，发出铃铛般的声响；成群的雨蛙躲在树丛间，不想在此时此刻哇哇乱叫，而是以优美动人的姿势在跳水嬉戏。五月里，夜幕降临之后，这个大池塘就变成了一个大乐池，各种鸣声交织，震耳欲聋，以致你若是在吃饭，就甭想在饭桌上交谈，即使躺在床上，也难以成眠。为了让园内保持安静，必须采取严厉的措施。不然又怎么办？想睡而又被吵得无法入睡的人，当然心就会变硬的。

膜翅目昆虫简直无法无天，竟然把我的隐居之所也给侵占了。白边飞蝗泥蜂在我屋门槛前的瓦砾堆里做窝，为了踏进家门，我不得不特别小心，否则，一不留神，就会把它的窝给踩坏，正在忙活的“矿工们”将会遭受灭顶之灾。我已经有整整二十五年没有看到过这种捕捉蝗虫的高手了。记得我第一次看见它时，是我走了好几里地去寻找的；其后，每次去寻访它时，都是顶着那八月火热的骄阳前去的，忍受着那艰难的长途跋涉。可是，今天，我却在自家门前见到了它们，它们竟然成了我的芳邻了。关闭的窗户框为长腹蜂提供了温度适宜的套房；它那泥筑的蜂巢，建在了规整石材砌成的内墙壁上；这些捕食蜘蛛的好猎手归来时，穿过窗框上本来就有的一个现成的小洞孔，钻入房内。百叶窗的线脚上，几只孤身的石蜂建起了它们的蜂房群落；略微开启着的防风窗板内侧，一只黑胡蜂为自己建造了一个小土圆顶，圆顶上面有一个大口短细颈脖。胡蜂和马蜂经常光顾我家，它们飞到饭桌上，尝尝桌上放着的葡萄是否熟透了。

这儿的昆虫确实是又多又全，而我所见到的只不过是一小部分，而且非常不全。如果我能与它们交谈的话，那么，我就会忘掉孤苦寂寥，变得情趣盎然。这些昆虫，有些是我的新朋，有的则是我的旧友，它们全都在我这里，挤在这方小天地之中，忙着捕食、采蜜、筑窝搭巢。另外，若是想要改变一下观察环境，这也不难，因为几百步开外便是一座山，山上满是野草莓丛、岩蔷薇丛、欧石楠树丛；山上有泥蜂们所偏爱的沙质土层，有各种膜翅目昆虫喜欢开发利用的泥灰质坡面。我正是因为早已认准了这块风水宝地，这笔宝贵财富，才逃避城市，躲到这乡间来的，来到塞里尼昂这儿，给萝卜地锄草，给莴苣地浇水。

人们花费大量资金，在大西洋沿岸和地中海边建起许许多多的实验室，以便解剖对我们来说并无多大意义的海洋中的小动物；人们耗费大量钱财，购置显微镜、精密的解剖器械、捕捞设备、船只，雇用捕捞人员，建造水族馆，为的是了解某些环节动物的卵黄是如何分裂的。我直到如今都没弄明白，这些人搞这些有什么用处？为什么他们偏偏就对陆地上的小昆虫瞧不上眼、不屑一顾？这些小昆虫可是与我们息息相关的，它们向普通生理学提供着难能可贵的资料。它们中有一些在疯狂地吞食我们的农作物，在肆无忌惮地破坏着公共利益。我们迫切地需要一座昆虫实验室，一座不是研究三六酒（旧时一种85度以上的烧酒，取3份烧酒，兑3份水，即成6份普通烧酒）里的死昆虫，而是研究活蹦乱跳的活昆虫的实验室，一座以研究这个小小的昆虫世界的动物之本能、习性、生活方式、劳作、争斗和生息繁衍为目的的昆虫实验室，而我们的农业和哲学又必须对之予以高度的重视。彻底掌握对我的葡萄树进行吞食、蹂躏（róulìn，践踏，比喻用暴力欺压、侮辱、侵害）的那些昆虫，可能要比了解一种蔓足纲动物的某一根神经末梢结尾是个什么状态更加重要。通过实验来划分清楚智力与本能的界限，通过比较动物系列的各种事实，以揭示人的理性是不是一种可以改变的特性等这一切，应该比了解一个甲壳动物的触须有多少要重要得多。为了解决这些大的问题，必须动用大批的工作人员，可是，就目前来说，我只是一人在孤军奋战。当下，人们的注意力放在了软体动物和植虫动物的身上。人们花费大量的资金购置许许多多的拖网去探索海底世界，可是，对自己脚下的土地却漠然视之，不甚了解。我在等待着人们改变态度的同时，开辟了我的荒石园这座昆虫实验室，而这座实验室却用不着花纳税人的一分钱。

（本篇选自《昆虫记》原著第二卷）

成长启示

法布尔好不容易才拥有了一个属于自己的昆虫实验室——荒石

园，这是一块荒芜的不毛之地，却是昆虫钟爱的地方。就是在这里，法布尔年复一年，不知疲倦地从事着昆虫研究工作，最终完成了巨著《昆虫记》。法布尔的成功也许并不能复制，但是我们可以从他充满欣喜和满足的文字中，学习他始终坚守梦想的态度，学习他如何观察、探索自然的经验。

要点思考

1. “你们探究死亡，而我却探究生命”，从这句话中，可以看出法布尔与他口中所说的博物史学者、热衷解剖昆虫的人有什么不同？这分别体现了他们对自然和研究怎样的态度？

2. 为什么荒石园这块没有人看得上的荒地，却是法布尔眼中“美丽迷人的伊甸园”，昆虫们快乐生活的天堂？

蝉和蚂蚁的寓言

导读

蝉和蚂蚁的寓言故事家喻户晓，在寓言里，蝉是只知夏日歌唱，不知储存粮食的懒惰鬼，而蚂蚁则是认真勤奋的劳动者，事实果真如此吗？读了这篇文章，相信你会有新的认识。

无论是有关人类的还是有关动物的，声誉多数是由故事传说促成的，而童话则更胜故事一筹。特别是昆虫，如果说它无论以哪种方式都会吸引我们，那是因为有着许许多多有关它的传说，而这种传说真实与否则是无关紧要的。

譬如，有谁不知道蝉呢？起码也闻知其名吧。在昆虫学领域中，还能找到如它那样名声很大的昆虫吗？它那钟情于歌唱而不顾未来如何的声名，早在我们记忆训练之初便已被当作素材了。人们用易学好懂的短小诗句告诉我们，当寒风四起，严冬来临时，一无所有的蝉便跑到其邻居蚂蚁那儿去喊饿求食了。乞食者不受欢迎，遭到不堪忍受的讽刺挖苦，这反而让它名声大振。蚂蚁说了如下两句虽简短却粗俗无情的话：

> 您先前唱了又唱，我听着舒服，
> 好呀，您现在就跳吧。

这两句话给蝉带来的“声誉”远胜于它精湛的演唱威名。这深深地印入孩子们的心灵深处，永不会磨灭。

蝉生活在油橄榄生长的地区，大多数人并不知道其歌唱本领，但它在蚂蚁面前的落魄沮丧样儿，无论大人还是孩子全都知晓。名声即源于此！这世上有糟蹋自然史和道德的惹人指责的故事，也有全部优点仅在于短小的、乳母常说的故事，它是一种声誉的基础，而这种声誉将会像《小拇指》中的靴子和《小红帽》（《小拇指》和《小红帽》均为夏尔·佩罗的作品，是法国流传已久的著名童话故事）中的烙饼一样牢牢地支配着岁月留下的残存记忆。

儿童是极为优秀的记忆器。习惯、传统一旦存入其记忆库，就无法抹去。蝉的大名应归功于儿童，是他们在最初学着背诵时，磕（kē）磕巴巴地说出了蝉的不幸遭遇。构成寓言基本内容的那些荒谬浅薄的东西因他们而将保存下去：严寒来临时，蝉将永远受冻挨饿，尽管冬天已不再有蝉了；蝉将永远乞讨几颗麦粒，尽管它那娇嫩的吸管根本就吸不进这种食物；蝉还将讨要苍蝇和蚯蚓，尽管它从来不吃它们。

这些荒唐的错误，责任究竟在谁呢？在拉·封丹（1621—1695，法国诗人），他的大部分寓言因观察之细微，颇让我们着迷，但有关蝉的描述却是考虑欠佳的。他的寓言里最早的那些主角，如狐狸、狼、猫、山羊、乌鸦、老鼠、黄鼠狼以及其他许许多多动物，他非常熟悉，所以他在跟我们讲述它们的事情和动作时，惟妙惟肖，入木三分。它们是一些高地的动物，是他的邻居，是他的常客。它们公开的和私下的生活都是他天天所见的，但是，在兔子雅诺（《拉·封丹寓言》中《猫、黄鼠狼和小兔子》的主人公之一）欢蹦乱跳的地方，是见不到蝉的。拉·封丹从来没有听见过它歌唱，从来没有看见过它。他以为，这个著名的歌唱家肯定是一种蚱蜢。

格兰维尔（19世纪法国画家，为《拉·封丹寓言》配过插图）的画笔尽管与拉·封丹的寓言配合得相得益彰，但也犯了同样的错误。在他的插图里，蚂蚁一副勤劳的家庭主妇的打扮。它站在门槛上，身旁是大袋大袋的麦子，不屑地背对着伸着爪子——对不起，伸着手的乞讨者。头戴十八世纪阔边女帽，腋下夹着吉他，裙摆被凛冽（lǐnliè，刺骨地寒冷）的寒风吹得贴在小腿肚子上，这就是那第二个人物的形象，与蚱蜢一模一样。格兰维尔同拉·封丹一样，也没弄清楚蝉的真实模样，他栩栩如生地再现了那个以讹传讹的错误。

在这个内容贫乏的小故事里，拉·封丹只不过是拾了另一位寓言作家的牙慧而已。蝉备受蚂蚁冷遇的传说如同利己主义，也就是说如同我们的世界一样，历史久远了。古雅典的孩童背着满袋无花果和油橄榄去上学时，嘴里就已经像是背书似的在嘟囔这个故事了："冬天到了，蚂蚁们把自己受潮的食物搬到太阳下晒干。突然间，一只饥肠辘辘的蝉跳上前来求乞。它想讨几粒粮食。吝啬的蚂蚁们回答说：'你夏日里欢唱，那冬天你就蹦跳吧。'"尽管这个情节有点儿枯燥，但那正是拉·封丹的有悖常理的主题。

可这个寓言正是源自希腊，那是有名的盛产油橄榄、蝉非常多的地方。难道伊索（公元前6世纪前后古希腊的寓言作家）果真像传说那样就是这则寓言的作者吗？这令人怀疑。不过，这也无关紧要，因为那个讲故事的人是希腊人，是蝉的老乡，他应该对蝉颇为了解。在我们村子里，那种缺少见识的农民，也会知道冬天根本就没有蝉。冬季来临，必须为油橄榄树培土时，村子里凡是用锹铲土的人都认得蝉的初始形态——幼体的。他们在小路边成百上千次地看见过它，知道夏季来临时，这个幼体是如何从自己修建的圆洞中钻出地面的，知道它如何抓挂在细树枝上，背上裂开一道缝，蜕去比硬羊皮纸还要硬的外壳，变成浅草绿色，然后又变成了褐色，成了一只蝉。

阿提卡（希腊的一个半岛，首都雅典即位于此岛上）的农民并不傻，他们也注意到了最不开眼的人都能看出的情况，他们对我那些乡巴佬乡邻十分清楚的东西也是知道的。这则寓言的作者，不管他是哪位文人，都是处于最有利的条件之下，对这类事情肯定是十分了解的。那么，他故事的这种谬误是源自哪里呢？

拉·封丹情有可原，而古希腊的那位寓言作家则是不可原谅的，他只讲述书本上的蝉，而不去了解近在咫尺像锣钹（luóbó，打击乐器）似的振翅鸣叫的真实的蝉。他不关心现实，却因袭传说。他是一位更古老的故事讲述者的应声虫。他在复述源自各种文明那可敬之母——印度的某种传说。他根本没有弄清楚印度人笔下描述的主旨是在表明一种无远见的生活会导致什么样的危险，却以为编成故事的动物场景比蝉和蚂蚁的对谈更贴近真实。印度是动物的伟大朋友，是不会犯这样的错误的。这一切似乎表明，原始故事的那个主人公不是我们的蝉，而是另一种动物——或者称之为昆虫，其习性与所编的故事颇为吻合。

这则古老的故事在许多个世纪里令印度河流域的贤哲们深思，令那儿的孩子们得到乐趣，它也许像历史上某个族长第一次提出节俭持家一样年代久远，并一代一代地流传下去，内容基本上还是忠实的。但正如所有的传说一样，因为要适应当时当地的情况，细节便因岁月的无情而有所扭曲了。

希腊乡间并无印度所讲述的这种昆虫，人们便差不离儿地把蝉加进故事里去，正像在现代雅典——巴黎一样，把蝉与蚱蜢给搞混了。错已铸成。从此，谬误深印进孩子们的记忆之中，无法抹去，假成了真，真却成了假。

让我们试着为这个被寓言糟践的歌手正名吧。我首先得承认，它是个讨厌的邻居。每年夏天，它们被两棵枝繁叶茂的高大法国梧桐所吸引，成百成百地飞到我家门前安家落户，从日出到日落，此起彼落地叫个不停，震得我脑袋生疼。在这一片吱吱声中，你无法思考问题，思绪被打乱，头昏脑涨，没法儿定下心来。如果我不起早点儿干些事，那一整天就会泡汤了。

啊！该死的虫子，我本想安静地待着，可你却成了我住所的一大祸害。竟然有人说，雅典人把你养在笼子里，好惬意地听你歌唱。吃饱饭眯瞪着，有一只蝉叫叫还凑合，但成百只一起嚷叫，震得你耳鼓疼痛，你无法集中精力，真让人活受罪呀！你振振有词，说是你先来到这儿的，有权鸣唱。在我住到这里之前，那两棵法国梧桐完全属于你，而我却成了其树荫下的不速之客。可我得先告诉你，为了照顾给你写故事的人，你得在你的响钹上装个减音器，压低你的叫声。

事实真相把寓言作家向我们讲述的东西当作肆意杜撰（没有根据地编造；虚构。撰，zhuàn）给摒弃（舍弃。摒，bìng）了。当然，蝉和蚂蚁之间有时候是有一些关系的，这是毫无疑问的，只不过，这些关系与人们讲给我们听的正好相反。这些关系并不是出自蝉的主动，它从不需要别人的帮助好活下去，而是来自蚂蚁这个贪得无厌的剥削者，它把所有可吃的东西全都搬到自己的粮仓里。无论何时，蝉都不会跑到蚂蚁门前嚷饿去，还一本正经地许诺将来连本带利一并奉还。恰恰相反，是蚂蚁实在饿得不行，跑去乞求那个歌手的。我说的是“乞求”！“借”是从来不存在于掠夺者的习性中的。蚂蚁剥削蝉，厚颜无耻地把它洗劫一空。我们要讲讲这种洗劫，这是至今尚无人知晓的历史悬案。

七月，午后酷热难耐，成群的昆虫干渴难忍，在枯萎打蔫儿的花上爬来爬去，想找点儿水解渴，而蝉却对普遍的水荒不屑一顾。它用它那如钻头般的细嘴，在自己那永不干涸的酒窖中钻了开来。它不停地歌唱着，落在一棵小树的细枝上，钻透那坚硬平滑、被太阳晒得汁液饱满的树皮。它从钻孔中把吸管插进去之后，便一动不动地、聚精会神地、美滋滋地沉浸在汁液和歌声的甜美之中。

如果我们多盯着它看一会儿，也许会看到一些意想不到的悲惨事情。果然，许许多多渴得不行的家伙在转悠着。它们发现了这口井，因为井边渗出汁液而暴露了。它们一拥而上，一开始还有点儿小心翼翼，只是舔舔渗出来的汁液。我看见拥挤在甜蜜的井口旁的有胡蜂、苍蝇、球螋（sōu）、泥蜂、蛛蜂、金匠花金龟，最多的是蚂蚁。

最小的，为了靠近清泉，便从蝉的肚腹下钻过去，宽厚仁慈的蝉便抬起爪子，让这些不速之客自由通过。个头儿大的急得直跺脚，挤上前去，飞快地嘬（zuō）上一口，退了出来，跑到旁边的树枝上兜上一圈，然后又更加大胆地返回来。不速之客们越来越贪心，刚才还谨小慎微的它们突然变成了一群乱哄哄的侵略者，一心要把掘井者从井边驱逐开。

在这群冲锋陷阵的强盗中，最大胆、最坚决的就是蚂蚁。我看见一些蚂蚁在咬蝉爪，还看见一些蚂蚁在扯蝉翼尖，趁势爬上蝉背，挠蝉的触角。一只胆大包天的蚂蚁就在我的眼前咬着蝉的吸管，拼命地往外拽。

被这帮小蚂蚁如此这般地搅扰，巨蝉没了耐心，终于弃井而去。它在逃走时还向这帮劫匪撒了一泡尿。对于蚂蚁来说，蝉的这种高傲的蔑视无伤大雅！反正它们的目的达到了。它们成了这口井的主人了，但是，使井冒水的泵已不再转，井很快也就干涸了。井水虽少，但甘甜。一旦再有机会，它们还会用同样的法子再喝上几大口的。

大家都看到了，事实彻底地把寓言臆想的角色给调换过来了。毫不客气、抢劫时决不退缩的求食者是蚂蚁，而甘愿与受苦者分享甘露的能工巧匠是蝉。还有一点也足可以把颠倒的情况调整过来。经过五六个星期漫长的欢唱之后，歌手生命耗尽，从大树高处跌落下来。它的尸体被烈日晒干，被行人的脚踩踏。时刻在寻找战利品的蚂蚁撞见了它。蚂蚁随即把这美食扯碎，肢解，弄烂，搬到自己那丰富的食物堆中去。甚至还可以看到蝉虽已奄奄一息，但翼还在灰土中颤动，就有一小队蚂蚁拥上去向各个方向拉扯它、撕拽它。此时的蝉伤心至极。看了这同类相残之后，就不难看出这两种昆虫之间到底是什么关系了。

古希腊、古罗马对蝉有着很高的评价。人称“希腊贝朗瑞（1780—1857，法国歌谣诗人）”的阿那克里翁（公元前6世纪古希腊抒情诗人）为蝉写了一首颂歌，对蝉称颂有加。他说：“你几乎就像诸神明一样。”但诗人这么赞颂蝉，其理由却并不很恰当。他的理由是说蝉有如下三个特点：生于地下，不知疼痛，有肉无血。我们也不必指责诗人犯了这些错误，因为那是当时的普遍看法，而且在有人细致入微地进行观察之前，这种看法已流传甚久。再说，在这种讲究对仗押韵的小诗句中，人们对这一点也没有过于关注。

即使在今天，和阿那克里翁一样很熟悉蝉的普罗旺斯的诗人们，在赞颂他们视为标志的这种昆虫时，也并没怎么关心真实的蝉。但是，这种指责却牵扯不到我的一个朋友，他是个痴迷的观察家和一丝不苟的务实派。他准许我从他的活页本中抽出一页普罗旺斯语的诗，他以极其严谨的科学态度着重描述了蝉和蚂蚁的关系。诗中的诗意形象及道德评价责任在他，这样娇美的花朵在我的博物学园地上是长不出来的。但是，我得肯定他叙述的真实性，与我每年夏天在我花园中的丁香树上所看到的情况一致。我把他的诗译成法语附在下面，但有许多地方译的意思只是相近而已，因为法语中并不是总有普罗旺斯语的对应词。

蝉和蚂蚁

一

上帝啊，真热呀！却是蝉的好时光，
它乐至疯狂，欢唱昂扬。
七月酷暑，收割忙。
金色麦浪翻滚，收割者，
弯腰弓背，辛苦劳作不歌唱：
它口干舌燥，有歌无法唱。

这是你的好时光，你就放声唱吧，
娇小可爱的蝉呀，
敲响你的响钹，
扭动你的肚腹，亮出你的两片镜子。
农夫在挥镰，刀起秆落，
刀光在麦浪中闪亮。

小水罐挂在割麦人腰间，
罐中装满水，罐口有草堵塞。
磨刀石凉快地待在木盒里，
不停地有水浇润，
可农夫在烈日下呼哧（chī）喘息，
直觉得骨髓都快煮沸。
可你，蝉儿，你可是有清泉解渴呀：

你那尖细的小嘴钻透细枝树皮，
出现一眼清甜多汁的水井。
糖汁顺着窄细的管道涌出。
泉水汩汩流淌，
你美美地吮吸欢畅。

啊！太平时光不会总这么长！
左邻右舍尽是窃贼，
外加散兵游勇流浪儿，
都看见你掘了一口甜井。

它们口渴难耐，痛苦地挪上前来，
意欲攫取（掠夺。攫，jué）你的一滴甜浆。
小心点儿呀，我的小可爱：
这帮饥渴非常的家伙，
先是谦卑恭顺，
转眼间就变成无赖疯狂。
它们先是沾沾嘴唇，
然后便不满足于你的剩饭残汤，
它们抬起头来，想把一切占光。
它们将会如愿以偿。
它们爪似耙（pá），搔弄你的翅尖。
在你宽大的脊背上，
一阵爬上爬下地忙，
抓你的嘴，拽你的脚，扯你的脚趾。
它们从这儿那儿四处扯，

让你冒火又惆怅。
你滋地一泡尿，
喷向这帮强徒，
你便离开树枝。
你远远地离开这帮无赖，
可它们抢占了你的甜水井，
狂笑不已，满心欢畅，
津津有味地舔着玉液琼浆。

而这帮不知疲倦地吮吸的流浪汉中，
尤数蚂蚁为最强。
苍蝇、黄边胡蜂、鳃角金龟，
等等各色无赖、骗子，
都是大太阳逼迫无奈来到你的井旁，
唯独蚂蚁是铆（mǎo）足劲儿地要把你损伤。
踩你的脚趾，挠你的脸，
捏你的鼻子，躲你腹下乘凉，
凡此种种，唯它最强。
这浑蛋拿你的爪子当梯，
大胆地爬上你的翅膀，
趾高气扬地溜来荡去，
上下奔忙。

二

现在讲述一个不足为信的故事。

早年间，老人们对我们说，
冬季某日，你饥肠辘辘，耷拉着脑袋，
偷偷地前去
蚂蚁的地下大粮仓窥探。

富有的蚂蚁把夜间寒露打湿的麦粒
摊晒在太阳下，
准备存于地窖中。
麦粒已晒干，蚂蚁在装袋。
你眼含泪水，突然光临。

你央求它说：“天寒地冻，北风呼啸，
我快饿死了。
你余粮成堆，
借我一点儿，
甜瓜成熟时节，
我定当奉还。
借我点儿麦粒吧。”

你还是走吧。
你要是以为它会借给你，
你就大错特错了。
那大袋大袋的粮食，
你休想弄到一星半点儿。
“滚开去，刮桶底儿去吧。

你夏天唱得来劲儿，
冬天就该饿死！”
古老的寓言就是这么说的，
它劝告我们学做吝啬鬼，
看紧钱袋偷着乐……
让那些蠢货尝尽饿肚之苦才满足！
寓言作家说的让我冒火，
竟然说你冬天去寻找
苍蝇、小虫、麦粒，
可你从来不吃这些呀。
麦粒！天呀，你要它干什么！
你自有自己的甘泉，
不求任何其他物。

冬天与你何干！你的后代子孙
在地下酣睡，
而你也将长眠不醒。
你的尸体落下，玉碎香消。
有一天，觅食的蚂蚁，看见了它。

在你干瘪的皮肤上，
可恶的蚂蚁在争抢；
掏空了你的胸腔，把你撕成了碎片，
当作腌货贮藏，
冬天大雪纷飞，这可是美味佳肴。

三

这才是真实的故事，
与寓言所说的完全不一样。
该死的，你们作何感想！
啊，专捡便宜的家伙，
利爪带钩，挺胸腆肚，
带着保险箱统治在世上。

混账的，你们还口吐流言，
说艺术家从不干活儿，
蠢货就该遭殃。
闭上你们的臭嘴吧，
蝉在钻透树皮找佳酿，
你们却偷吃偷喝忙，
它玉碎身亡，你们仍揪住不放。

我的朋友用他那富于表达的普罗旺斯方言，如此这般地为被寓言作家诬蔑的蝉平了反。

（本篇选自《昆虫记》原著第五卷）

成长启示

在寓言里，蚂蚁是辛勤的劳动者，蝉是只知道歌唱的懒惰者，然而法布尔指出，这则寓言存在不少错误的地方。他通过科学的研究观察，揭开了事实的真相，给蝉“平了反”。“纸上得来终觉浅”，前人的智慧我们要吸取，但切忌放弃个人的观察、思考和实践。只有勤于思考，敢于质疑，认真求索，我们才不会成为人云亦云、传播谬误的人。

要点思考

1. 文中提到的这“无人知晓的历史悬案”指的是什么？说说在寓言中和现实中，蚂蚁和蝉的形象有什么不同。

2. 法布尔对流传已久的寓言提出了否定的看法，他为自己的看法寻找到哪些依据？

蝉出地洞

导读

说起蝉在夏日的鸣叫，你肯定不陌生。但是你可知道，为了能在阳光下尽情歌唱，它要在地底下经历漫长的黑暗岁月。蝉就像一位辛勤的矿工，日复一日地工作，只为了从地下来到地面上……

将近夏至时分，第一批蝉出现了。在人来人往、被太阳暴晒、被踩踏瓷实的一条条小路上，张开着一些能伸进大拇指、与地面持平的圆孔洞。这就是蝉的幼虫从地下深处爬回地面来变成蝉的出洞口。除了耕耘过的田地以外，几乎到处可见一些这样的洞。这些洞通常都在最热最干的地方，特别是在道旁路边。出洞的幼虫有锐利的工具，必要时可以穿透泥沙和干黏土，所以喜欢最硬的地方。

我家花园的一条甬道（走廊；过道。甬，yǒng）由一堵朝南的墙反射阳光，照得如同到了塞内加尔一样，那儿有许多蝉出洞时留下的圆洞口。六月的最后几天，我检查了这些刚被遗弃的井坑。地面土很硬，我得用镐（gǎo）来刨。

地洞口是圆的，直径约二点五厘米。在这些洞口的周围，没有一点儿浮土，没有一点儿推出洞外的土形成的小丘。事情十分清楚：蝉的洞不像粪金龟这帮挖掘工的洞，上面堆着一个小土堆。这种差异是二者的工作程序所决定的。食粪虫是从地面往地下掘进，它是先挖洞口，然后再往下挖，随即把浮土推到地面上来，堆成小丘。而蝉的幼虫则相反，它是从地下钻到地上，最后才钻开洞口，而洞口是最后的一道工序，一打开就不可能用来清理浮土了。食粪虫是挖土进洞，所以在洞口留下了一个鼹（yǎn）鼠丘；而蝉的幼虫是从洞中出来，无法在尚未做成的洞口边堆积任何东西。

蝉洞深约四分米。洞是圆柱形，因地势的关系而有点儿弯曲，但始终要靠近垂直线，这样的路程是最短的。洞的上下完全畅通无阻。想在洞中找到挖掘时留下的浮土，那是徒劳的，哪儿都见不着浮土。洞底是个死胡同，成为一间稍微宽敞些的小屋，四壁光洁，没有任何与延伸的什么通道相连的迹象。

根据洞的长度和直径来看，挖出的土有将近两百立方厘米。挖出的土都跑哪儿去了呢？在干燥易碎的土中挖洞，洞坑和洞底小屋的四壁应该是粉末状的，如果只是钻孔而未做其他任何加工的话，容易塌方。可我却惊奇地发现洞壁表面被粉刷过，涂了一层泥浆。洞壁实际上并不是十分光洁，差得远了，但是，粗糙的表面被一层涂料盖住了。洞壁那易碎的土料浸上黏合剂，便被粘住不脱落了。

蝉的幼虫可以在地洞中来来回回，爬到靠近地面的地方，再下到洞底小屋，而带钩的爪子却未刮擦下土来，否则会堵塞通道，上去很难，回去不能。矿工用支柱和横梁支撑坑道四壁；地铁的建设者用钢筋水泥加固隧道；蝉的幼虫这个毫不逊色的工程师则用泥浆涂抹四壁，让地洞能够长期使用而不堵塞。

如果我惊动了从洞中出来爬到近旁的一根树枝上准备在上面蜕变成蝉的幼虫的话，它会立即谨慎地爬下树枝，毫无阻碍地爬回洞底小屋里去，这就说明即使此洞就要永远被丢弃了，洞也不会被浮土堵塞起来。这个上行管道不是因为幼虫急于重见天日而匆忙赶制而成，这是一座货真价实的地下小城堡，是幼虫要长期居住的宅子。墙壁进行了加工粉刷就说明了这一点。如果只是钻好之后不久就要丢弃的简单出口的话，就用不着这么费事了。毫无疑问，这也是一座气象观测站，外面天气如何在洞内可以探知。幼虫成熟之后要出洞，但在深深的地下它无法判断外面的天气条件是否适宜。地下的天气变化太慢，不能向幼虫提供精确的气象资料，而这又正是幼虫一生中最重要的时刻——来到阳光下蜕变所必须了解的。

幼虫几个星期，也许几个月地耐心挖土、清道、加固垂直洞壁，但不把地表挖穿，而是与外界隔着一层一指厚的土层。在洞底它比在别处更加精心地修建了一间小屋。那是它的隐蔽所、等候室，如果气象报告说要延期搬迁的话，它就在里面歇息。只要稍微预感到风和日丽的话，它就爬到高处，透过那层薄土盖子探测，看看外面的温度和湿度如何。

如果天气条件不如意，刮大风下大雨，那对幼虫蜕变是极其严重的威胁，那谨小慎微的小家伙就又回到洞底屋中继续静候着。相反，如果天气条件适宜，幼虫便用爪子捅几下土层盖板，便可以钻出洞来。

似乎一切都在证实，蝉洞是个等候室，是个气象观测站，幼虫长期待在里面，有时爬到地表上面去探测一下外面的天气情况，有时便潜于地洞深处更好地隐蔽起来。这就是蝉在地洞深处建有一个合适的歇息所，并将洞壁涂上涂料以防止塌落的原因之所在。

但是，不好解释的是，挖出的浮土都跑到哪儿去了？一个洞平均得有两百立方厘米的浮土，怎么全都不见了踪影？洞外不见有这么多浮土，洞内也见不着它们。再说，这如炉灰一般的干燥泥土，是怎么弄成泥浆涂在洞壁上的呢？

蛀蚀木头的那些虫子的幼虫，比如天牛和吉丁（昆虫纲，鞘翅目，吉丁虫科。成虫的大小、形状因种类而异。体色一般美丽，具金属光泽）的幼虫，好像应该可以回答第一个问题。这种幼虫在树干中往里钻，一边挖洞，一边把挖出来的东西吃掉。这些东西被幼虫的颚挖出来，一点儿一点儿地被吃下，消化掉。这些东西从挖掘者的一头穿过，到达另一头，滤出那一点点的营养成分后，把剩下的排泄出来，堆积在幼虫身后，彻底堵塞了通道，幼虫也就不得再从这儿通过了。由胃或颚进行的这种最终分解，把消化过的物质压缩得比不曾被触碰过的木质还密实，致使幼虫前边就出现一个空地，一个小洞穴，幼虫可以在其中干活儿。这个小洞穴很短小，仅够关在里面的这个囚徒行动。

蝉的幼虫是不是也是用类似的方法钻掘地洞的呢？当

然，挖出来的浮土是不会通过幼虫的体内的，而且，泥土，哪怕是最松软的腐殖土，也绝不会成为蝉的幼虫的食物。但是，不管怎么说，被挖出来的浮土不是随着工程的进展逐渐地被抛在幼虫身后了吗？

蝉在地下要待四年。这么漫长的地下生活当然不会是在我们刚才描绘的准备出洞时的小屋中度过的。蝉的幼虫是从别处来到那儿的，想必是从比较远的地方来的。它是个流浪儿，把自己的吸管从一个树根插到另一个树根。当它或因为冬天要逃离太冷的上层土壤，或因为要定居于一个更好的处所而迁居时，它便为自己开出一条道来，同时把用颚这把镐尖挖出的土抛在身后。这一点是无可争辩的。

如同天牛和吉丁的幼虫一样，这个流浪儿在移动时只要很小的空间就足够了。一些潮湿的、松软的、容易压缩的土对于它来说就等于是天牛和吉丁幼虫消化过后的木质糊糊。这种泥土很容易压缩，很容易堆积起来，留出空间。

困难来自另一个方面。蝉洞是在干燥的土中挖掘而成的，只要土始终保持干燥，那就很难压紧、压实。如果幼虫开始挖通道时就把一部分浮土扔到身后的一条先前挖好现已消失的地道中去，这也是比较有可能的，尽管还没有任何迹象可以证明这一点。不过，如果考虑到洞的容量以及极难找到地方堆积这么多的浮土的话，你就又会怀疑起来，心想："这么多的浮土，必须有一个很大的空间才能存放得下，而挖成这个空间也同样要出现许多浮土，要存放起来同样是困难重重。这样就又得有一个空间，同样也就又会有许多浮土，如此循环不已。"就这么转来转去，没有个头。因此，光是把压紧、压实的浮土抛到身后尚无法解释这个空间的出现这一难题。为了清除掉碍事的浮土，蝉应该是有一种特殊的法子的。我们来试试解开这个谜。

我们仔细观察一只正在往洞外爬的幼虫。它或多或少总要带上点儿或干或湿的泥土。它的挖掘工具——前爪尖尖上沾了不少泥土颗粒；其他部位像是戴上了泥手套；背部也满是泥土。它就像是一个刚捅完阴沟的清洁工。这么多污泥看了让人惊讶不已，因为它是从很干燥的土里爬出来的。本以为会看见它满身的粉尘，却发现它是一身的泥污。

再顺着这个思路往前观察一下，蝉洞的秘密就解开了。我把一只正在对其洞穴进行挖掘的幼虫给挖了出来。我运气真好，幼虫正开始挖掘时我便有了惊人的发现。一个大拇指一样长的地洞，没有任何的阻塞物，洞底是一间休息室，眼下全部工程就是这个状况。那位辛勤的工人现在是个什么样子呢？就是下面的这种状况。

这只幼虫的颜色显得比我在它们出洞时捉到的那些幼虫苍白得多。眼睛非常大，特别白，浑浊不清，看不清东西。在地下视力有什么用？而出了洞的幼虫的眼睛则是黑黑的，闪闪发亮，说明能看得见东西。未来的蝉出现在阳光下，就必须寻找，有时还得到离洞口挺远的地方去寻找将在其上蜕变的悬挂树枝。这时候视力就非常重要了。这种在准备蜕变期间的视力的成熟足以告诉我们，幼虫并非仓促地即兴挖掘自己的上行通道，而是干了很长的时间。

另外，苍白而眼盲的幼虫比成熟状态时体形要大。它身体内充满了液体，就像是患了水肿。用手指头捏住它，尾部便会渗出清亮的液体，弄得它全身湿漉漉的。这种由肠内排出来的液体是不是一种尿液？或者只是吸收液汁的胃消化后的残汁？我无法肯定，为了说起来方便，我就称它为尿吧。

喏，这个尿泉就是谜底。幼虫在向前挖掘时，也随时把粉状泥土浇湿，使之成为糊状，并立即用身体把糊状泥压贴在洞壁上。这具有弹性的湿土便糊在了原先干燥的土上，形成泥浆，渗进粗糙的泥土缝隙中去。拌得最稀的泥浆渗透到最里层；剩下的则被幼虫再次挤压，堆积，涂在空余的间隙中。这样一来，坑道便畅通无阻了，一点儿浮土都不见了，因为已被就地和成了泥浆，比原先没被钻透的泥土更瓷实、更匀称。

幼虫就是在这黏糊糊的泥浆中干活儿来着，所以当它从极其干燥的地下出来时便浑身泥污，让人觉得十分蹊跷（qī·qiao，奇怪；可疑）。成虫虽然完全摆脱了矿工的又脏又累的活儿，但并未完全丢弃自己的尿袋；它把剩余的尿液保存起来当作自卫的手段。如果谁离得太近观察它，它就会向这个不知趣的人射出一泡尿，然后便一下子飞走了。尽管蝉性喜干燥，但在它的两种形态中，都是一个了不起的浇灌者。

不过，尽管幼虫身上积满了液体，但它还是没有那么多的液体来把整个地洞挖出的浮土弄湿，并让这些浮土变成易于压实的泥浆。蓄水池干涸了，就得重新蓄水。从哪儿蓄水，又如何蓄水？我觉得隐约地看到问题的答案了。

我极其小心地整个儿地挖开了几个地洞，发现洞底小屋的壁上嵌着一根生命力很强的须根，大小有的如铅笔粗细，有的如麦秸（jiē）管一般。露出来可以看得见的须根短小，只有几毫米。须根的其余部分全都置于周围的土里。这种液汁泉是偶然遇上的还是幼虫特意寻找的？我倾向于后一种答案，因为至少当我小心挖掘蝉洞时，总能见到这么一种须根。

是这样的。要挖洞筑室的蝉，在开始为未来的地道下手之前，总要在一个新鲜的小树根的近旁寻觅一番。它把一点儿须根刨出来，嵌于洞壁，而又不让须根突出壁外。这墙壁上的有生命的地点，我想就是液汁泉，幼虫尿袋在需要时就可以从那儿得到补充。如果由于用干土和泥而把尿袋用光了，幼虫矿工便下到自己的小屋里去，把吸管插进须根，从那取之不尽的水桶里吸足了水。尿袋灌满之后，它便重新爬上去，继续干活儿，把硬土弄湿，用爪子拍打，再把身边的泥浆拍实、压紧、抹平，畅通无阻的通道便做成了。情况大概就是这样的。虽然没法儿直接观察到，而且也不可能跑到地洞里去观察，但是逻辑推理和种种情况都证实了这一结论。

如果没有须根那个大水桶，而幼虫体内的蓄水池又干涸了，那会怎么样呢？下面这个实验会告诉我们的。我把一只正从地下爬出来的幼虫捉住了，把它放进一个试管的底部，用松松地堆积起来的一试管干土把它埋起来。这个土柱子高一点五分米。这只幼虫刚刚离开的那个地洞比试管长三倍，虽说是同样的土质，但洞里的土要比试管里的土密实得多。幼虫现在被埋在我那短小的粉状土柱子里，它能重新爬到外面来吗？如果它努力挖的话，肯定是能爬出来的。对于一个刚从硬土地中挖洞的幼虫来说，一个不坚固的障碍能在话下吗？

然而我却有所怀疑。为了最后顶开把它与外界隔开的那道屏障，幼虫已经把最后储备的液体消耗光了。它的尿袋干了，没有活的须根，它就毫无办法再把尿袋灌满。我怀疑它无法成功是不无道理的。果不其然，三天后，我看到被埋着的幼虫耗尽了体力，终未能爬上一拇指高。

浮土被扒动过，因无黏合剂而无法当场黏合，无法固定不动，刚一拨弄开，便又塌下来，回到幼虫爪下。老这么挖、扒，总也不见大的成效，总是在做无用功。第四天，幼虫便死了。

如果幼虫的尿袋是满的，结果就大不相同。我用一只刚开始准备蜕变的幼虫进行了同样的实验。它的尿袋鼓鼓的，在往外渗，身子全都湿了。对于它来说，这活儿是小菜一碟。松松的土几乎毫无阻力。幼虫稍稍用尿袋的液体润湿，便把土和成了泥浆，黏合起来，再把它们抹开、抹平。地道通了，但不很规则，这倒不假，随着幼虫不断往上爬，它身后几乎给堵上了。看起来好像是幼虫知道自己无法补充水，因而为了尽快摆脱一个它很陌生的环境而节约自己身上的那仅有的一点儿液体，不到万不得已绝不动用。就这么精打细算的，十来天之后，它终于爬到外面来了。

出洞口被捅开之后，幼虫大张着嘴待在那儿，宛如被粗钻头钻出的一个孔。幼虫爬出洞来后，在附近徘徊一阵，寻找一个空中支点，诸如细荆条、百里香丛、禾蒿秆儿、灌木枝杈什么的。一旦找到之后，它便爬上去，用前爪牢牢地抓住，脑袋昂着。其余的爪子，如果树枝有地方的话，也撑在上面；如果树枝很小，没多少地方，两只前爪钩住就足够了。然后便休息片刻，让悬着的爪臂变硬，成为牢不可破的支撑点。这时候，中胸从背部裂开来。蝉从壳中蜕变而出，前后将近半个小时的工夫。蝉从壳中蜕变出来后，与先前的模样大相径庭！双翼湿润、沉重、透明，上面有一条条的浅绿色脉络。胸部略呈褐色。身体的其余部分呈浅绿色，有一处处的白斑。这脆弱的小生命需要长时间地沐浴在空气和阳光之中，以强壮身体，改变体色。将近两个小时过去了，却未见有明显的变化。它只是用前爪钩住旧皮囊，稍有点儿微风吹来，它就飘荡起来，始终是那么脆弱，始终是那么绿。最后，体色终于变深了，越来越黑，终于完成了体色改变的过程。这一过程用了半个小时。蝉上午九点悬在树枝上，到中午十二点半的时候，我看着它飞走了。

旧壳除了背部的那条裂缝之外，并无破损，并且牢牢地挂在那根树枝上，晚秋的风雨也没能把它吹落或打下。常常可以看到有的蝉壳一挂就是好几个月，甚至整个冬天都挂在那儿，姿态仍旧如同幼虫蜕变时一样。旧壳质地坚固，硬如干羊皮，如同蝉的替身似的久久地待在那儿。

啊！如果我把我的那些农民乡邻所说的全都信以为真的话，有关蝉的故事我可有不少好听的。我就只讲一个他们讲给我听的故事吧，只讲一个。

你受肾衰之苦吗？你因水肿而走路晃晃悠悠吗？你需要治它的特效药吗？农村的偏方在对待这种病上有特效，那就是用蝉来治。把成虫的蝉在夏天里收集起来，穿成一串，在太阳下晒干，然后藏在衣橱角落里。如果一个家庭主妇七月里忘了把蝉穿起来晒干收藏，那她会觉得自己太粗心大意了。

你是否肾脏突然有点儿炎症，排尿有点儿不畅？赶快用蝉熬汤药吧。据说没什么比这更有效的了。以前，我不知哪儿有点儿不舒服，一个热心肠的人就让我喝过这种汤药，我起先不知道，是事后别人告诉我的。我很感谢这位热心者，但我对这种偏方深表怀疑。令我惊诧不已的是，帕加马（小亚细亚的一座古城）的老医生迪约斯科里德也建议用此偏方，他说："蝉，干嚼吃下，能治膀胱痛。"从以弗所（小亚细亚的一座古城，公元前7世纪时的商业重镇）来的希腊人把蝉和橄榄树、无花果树、葡萄等传播给了普罗旺斯的农民，自那遥远年代起，普罗旺斯的农民便把这宝贵的药材奉若至宝。只有一点有所变化：迪约斯科里德建议把蝉烤着吃；现在，大家把蝉用来煨汤，作为煎剂。

说此偏方可以利尿，纯属幼稚天真。我们这儿人人皆知，谁要想抓蝉，它就立即向谁脸上撒尿，然后飞走。因此，它告诉了我们其排尿的功能，以致迪约斯科里德及其同时代的人便以此为据，而我们普罗旺斯的农民至今仍这么认为。

啊，善良的人们！如果你们获知蝉的幼虫能用尿和泥来建自己的气象站的话，那你们又会怎么想呢？拉伯雷描写道，卡冈都亚（法国作家拉伯雷创作的《巨人传》中的主人公）坐在巴黎圣母院的钟楼上，从自己巨大的膀胱里往外尿尿，把巴黎成百上千闲散的人淹死，还不包括妇女和儿童，否则人数会更多。你们知道这个故事后，也会信以为真吗？

（本篇选自《昆虫记》原著第五卷）

螳螂捕食

导读

蝗螂体形矫健，薄翼修长，两只胳膊伸向天空的样子就像祈祷的修女，被古希腊人视为先知。但这个看上去典雅优美的昆虫并不是任何时候都像它的外表一样优雅，当它捕捉猎物时，便会露出不为人知的一面。

还有一种南方的昆虫，其令人感兴趣的程度至少与蝉一样，但声名却远不及后者，因为它总是悄无声息。如果上苍赐予它一个深得人心的第一要素——音钹的话，凭着它体形与习性的奇特，它准能让著名歌手蝉的声誉黯然失色。这里的人们称它为“祷上帝”，学名则叫螳螂，拉丁文名为“修女袍”（系拉丁文直译名，因其长长的膜翅似修女长袍而得名）。

科学的术语与农民朴素的词汇在这儿是相互吻合的，都是把这种奇特的生物看成一个传达神谕的女预言家，一个沉湎于神秘信仰的苦修女。这种比喻由来已久。古希腊人早就把这种昆虫称为“占卜者”“先知”。庄户人在比喻方面也是乐行其事的，他们对所见的模糊材料大加补充。他们看见在烈日烤炙的草地上有一只仪态万方的昆虫半昂着身子庄严地立着。只见它那宽阔薄透的绿翼像亚麻长裙似的掩在身后，两条前腿，可以说是两只胳膊，伸向天空，一副祈祷的架势。只这些足矣，剩下的由百姓们的想象去完成。于是乎，自远古以来，荆棘丛中就住满了这些传达神谕的女预言者、向上苍祷告的苦修女。

啊，天真幼稚的好心的人们，你们犯了多么大的错误呀！它的种种祈祷似的神态掩藏着许多残忍习性；那两条祈求的臂膀是可怕的劫掠工具，它并不捻（niǎn，用手指搓）动念珠，而是要结果一切从旁经过的猎物。人们怎么也没想到螳螂竟然是直翅目食草昆虫中的一个例外，它专门吃活食。它是昆虫界和平居民的老虎，是埋伏着捕捉新鲜肉食的妖魔。可想而知，它力大无穷，又嗜肉成性，外加它那完美而可怕的捕捉器，使它可能成为野地上的一霸。“祷上帝”可能变成了凶神恶煞般的刽子手（旧时执行死刑的人。刽，guì）。

如果不提它置人于死地的工具，螳螂其实没有什么可以让人担惊受怕的。它甚至不乏典雅优美，因为它体形矫健，上衣雅致，体色淡绿，薄翼修长。它没有张开如剪刀般的凶残大颚，相反却小嘴尖尖，好像天生就是用来啄食的。借助从前胸伸出的柔软脖颈，它的头可以转动，左右旋转，俯仰自如。昆虫之中，唯有螳螂引导目光，可以观察，可以打量，几乎还带面部表情。

它整个身躯一副安详状，同极其准确地誉为杀人机器的前爪相比起来，反差极大。它的腰肢异常地长而有力，其功用就是向前伸出狼夹子，不是坐等送死鬼，而是去捕捉猎物。捕捉器稍有点儿装饰，颇为漂亮。腰肢内侧饰有一个美丽的黑圆点，中心有白斑，圆点周围有几排细珍珠点作为陪衬。

它的大腿更加长，宛如扁平的纺锤，前半段内侧有两行尖利的齿刺。里面一行有十二颗长短相间的齿刺，长的黑色，短的绿色。这种长短齿刺相间增加了啮（niè）合点，使利器更加锋利有效。外面的一行简单得多，只有四颗齿刺。两行齿刺末端有三颗最长的。总之，大腿是一把双排平行刃口的钢锯，其间隔着一条细槽，小腿屈起可放入其间。

小腿与大腿有关节相连，伸屈非常灵活，它也是一把双排刃口钢锯，齿刺比大腿上的钢锯短些，但数量更多、排布更密。末端有一硬钩，其尖利可与最好的钢针相媲美〔美（好）的程度差不多；比美。媲，pì〕，钩下有一小槽，槽两侧是双刃弯刀或修枝剪。

这硬钩是高精度的穿刺切割工具，让我一看到就觉得后怕。我在捉螳螂时，不知有多少回被我一把抓住的这家伙给钩住，我腾不出手来，只好求助别人帮我摆脱这个顽固的俘虏！谁要是想不先把刺入肉中的硬钩弄出来就硬拽开螳螂，那他的手肯定会像被玫瑰花刺儿扎了一样，出现道道伤疤。昆虫中没有谁比它更难对付的了。这家伙用修枝剪挠你，用尖钩划你，用钳子夹你，让你几乎无还手之力，除非你用拇指捏碎它，结束战斗，那样的话，你也就抓不着活的了。

螳螂在休息时，捕捉器折起来，举于胸前，看上去并不伤害别人，一副在祈祷的昆虫的架势。但是，一旦猎物突然出现，它就立刻收起它那副祈祷姿态。捕捉器的那三段长构件突地伸展开去，末端伸到最远处，抓住猎物后便收回来，把猎物送到两把钢锯之间。老虎钳宛如手臂内弯似的，夹紧猎物，这就算是大功告成了。蝗虫、蚱蜢或其他更厉害的昆虫，一旦被夹在那四排尖齿交错之中，便小命呜呼了。无论它如何拼命挣扎，又扭又蹬，螳螂那可怕的凶器都是死咬住不放的。

如果要对螳螂的习性进行系统研究的话，必须要在家中饲养，在野外它无拘无束的情况下，是研究不了的。饲养它并不困难，因为只要好吃好喝地伺候，它并不在乎被囚在钟形罩中。我们得每天给它精美的食物，天天换样儿，那它就不怎么会因失去荆棘丛而感觉遗憾了。

我准备了十来只宽大的金属网罩，用来关押我的囚徒。同饭桌上罩饭菜防苍蝇的网罩一样，每一个罩子都扣在一个装满沙子的瓦罐上。笼里放着一束干百里香、一块为将来产卵用的平石头，这就是它的全部家当。这一座座的小屋摆放在我动物实验室的大桌子上，那儿白天大部分时间日照充足。我把我的俘虏们关在笼子里，有的单独囚禁，有的集体关押。

我是八月下旬开始在路边干草堆中和荆棘丛里看到成年螳螂的。肚子已经很大了的雌性螳螂日渐增多，而它们瘦弱的雄性伴侣却比较少见，我有时得花很大的劲儿才能给我的那些雌性俘虏配对，因为囚笼中那些小个子雄性经常被悲惨地吃掉。这种惨剧我们先按下不表，先来说说那些雌性螳螂。

雌性螳螂饭量极大，喂养时间长达数月，所以食物的维系并非易事。几乎每天都得更换食物，而大部分都是被它们稍微尝上几口便不屑地弃之不食了。我敢相信，螳螂在它们的出生地荆棘丛中，会更注意节约些的。由于猎物不充足，它们会把到手的食物吃干净为止，可在我的笼子里，它们就大手大脚的了，常常是咬上几口之后，便把那鲜美的食物撇下不吃了。它们似乎在以这种方式排遣囚禁之烦恼吧。

为了对付这种奢侈浪费，我必须寻找援助了。附近的两三个无所事事的小家伙在我的面包片和甜瓜块的引诱下，每天早上和晚上跑到周围的草丛中去摆放用芦苇编成的小笼子，里面装着活蹦乱跳的蝗虫、蚱蜢。而我也没闲着，手拿网子，每天在围墙周围转悠，企盼能为我的住客们弄点儿鲜美猎物。

这些美味食物是我想用来了解螳螂的胆量和力气到底有多大的。在这些美味之中，大灰蝗虫个头儿要比吃它的螳螂大得多；白额螽斯的大颚有力，我们的手指头都怕被它咬伤；蚱蜢怪模怪样，扣着金字塔形的帽子；葡萄树距螽的音钹发出嘎嘎响声，圆乎乎的肚腹上还长有一把大刀。除了这些难以下嘴的野味外，还有两种可怕的猎物：一个是圆网蛛，肚子似圆盘，带有彩花边饰，大小如一枚二十苏（法国原辅币名，1法郎等于20苏）的硬币；另一个是冠冕蛛，形象凶恶，鼓腹腆〔tiǎn，凸出或挺起（胸、腹）〕肚，令人望而生畏。

当我看到笼子里的螳螂见到面前的各种猎物便勇猛地冲上前去的劲头儿，我便毫不怀疑它们在野地里遇见类似对手时也一定是毫不畏缩的。如同在我的金属网罩中它尽享我慷慨奉上的美味一样，在荆棘丛中，它必定是毫不客气地享用偶然送上门来的肥美猎物的。对大猎物的这种捕猎充满危险，这绝不是心血来潮之举，应该是它习以为常的事。然而，这种捕猎似乎并不多见，因为机会不多，也许这是螳螂的一大憾事。

各种各样的蝗虫，还有蝴蝶、蜻蜓、大苍蝇、蜜蜂以及其他中不溜儿的昆虫，都是它日常所能抓到的猎物。反正，在我的笼子里，大胆的女猎手在任何猎物前都没有退缩过。无论是灰蝗虫还是螽斯，也无论是圆网蛛还是冠冕蛛，迟早都逃不脱它的利爪，在它的锯齿内动弹不得，被它津津有味地嚼食。这种情形是值得讲述一下的。

一看见罩壁上傻乎乎靠近的大蝗虫，螳螂痉挛（jìngluán，肌肉紧张，不由自主地收缩。多由中枢神经系统受刺激引起）似的一颤，突然摆出吓人的姿态。电流击打也不会产生这么快的效应的。那转变是如此突然，样子是如此吓人，以至一个没有经验的观察者会立即犹豫起来，把手缩回来，生怕发生意外。即使像我这样已习以为常的人，如果心不在焉的话，遇此情况也不免吓一大跳的。这就像是突然从一个盒子里弹出一种吓人的东西，一种小魔怪似的。

鞘翅随即张开，斜掩在两侧；双翼整个儿展开来，似两张平行的船帆立着，宛如脊背上竖起阔大的鸡冠；腹端蜷成曲棍状，先翘起来，然后放下，再突然一抖，放松下来，随即发出噗噗的声响，宛如火鸡展屏时发出的声音一般，也像是突然受惊的游蛇吐芯子时的声响。

身子傲岸地支在四条后腿上，上身几乎呈垂直状。原先收缩相互贴在胸前的劫持爪，现在完全张开，呈十字形挺出，露出装点着排排珍珠粒的腋窝，中间还露出一个白心黑圆点。这黑的圆点恍如孔雀尾羽上的斑点，再加上那些象牙质的纤细凸纹，是它战斗时的法宝，平时是密藏着的，只是在打斗时为了显得凶恶可怕，盛气凌人，才展露出来。

螳螂以这种奇特姿态一动不动地待着，目光死死地盯住大蝗虫，对方移动，它的脑袋也跟着稍稍转动。这种架势的目的是显而易见的：螳螂是想震慑、吓瘫强壮的猎物，如果后者没被吓破了胆的话，后果将不堪设想。

它成功了吗？谁也搞不清楚螽斯那光亮的脑袋里或蝗虫那长脸后面在想些什么。它们那麻木的面罩上没有任何的惊恐呈现在我们的眼前。但是，可以肯定，被威胁者是知道危险的存在的。它看见自己面前挺立着一个怪物，高举着双钩，准备扑下来；它感到自己面对着死亡，但在还来得及逃走时它却并没有逃走。它本是个长腿的蹦跳者，善于高跳，轻而易举地就能跳出对方利爪的范围，可它却偏偏蠢乎乎地待在原地，甚至还慢慢地向对方靠近。

据说，小鸟见到蛇张开的大嘴会吓瘫，看见蛇的凶狠目光会动弹不得，任由对方吞食。许多时候，蝗虫差不多也是这么一种状态。现在它已落入对方威慑（用武力或声势使对方感到恐惧）的范围。螳螂将两只大弯钩猛压下来，爪子一抓，双锯合拢，夹紧。不幸的蝗虫已无还手之力：它的大颚咬不着螳螂，后腿只是胡乱地蹬踢。它的小命休矣。螳螂收起它的战旗——翅膀，复现常态，开始美餐。

在抓获蚱蜢和距螽这种危险小于大灰蝗虫和螽斯的昆虫时，螳螂那魔怪般的姿态没有那么咄咄逼人，持续时间

也没那么长。它只需将大弯钩一伸就解决问题了。对付蜘蛛也是如此，只需拦腰抓住对方，就用不着担心其毒钩了。对于其日常食物里不起眼的蝗虫，无论是在我笼子里的还是野地里的，螳螂都极少用它的震慑法子，它只是一把抓住闯进它的势力范围的冒失鬼就完事了。

当要捕食的活物可能会进行顽强抵抗时，螳螂则不敢轻视，要利用一种震慑、恫吓（威吓；吓唬。恫，dòng）猎物的姿态，让自己的利钩有办法稳稳地钩住对方。随后，它的狼夹子便把吓傻了无还手之力的受害者夹紧。它就是以这种迅猛的魔怪般的姿势把自己的猎物吓瘫了的。

在这种怪诞的姿势中，双翅起了很大的作用。螳螂的翅膀很宽大，外边缘呈绿色，其余部分系无色半透明的。纵向上有许多经翅脉，呈扇面状辐射开来。还有一些更细的、横向的翅脉，成直角地与纵向翅脉相切，与之形成无数的网眼。在呈魔怪姿态时，翅膀展开，立成两个平行的平面，几乎相互触及，犹如昼间休憩的蝴蝶的翅膀一样。两翅之间，翘卷着的腹端突然剧烈抖动起来。肚腹摩擦翅脉，发出一种喘息声，我把它比作处于防御的游蛇吐芯子的声音。如果要模仿这种声响，只需用指尖快速擦过展开的翅膀正面即可。

几天没吃食的螳螂，因饥饿难忍，能一下子把与它相同大小或比它个头儿大的灰蝗虫全部吃掉，只撇下其翅膀，因为翅膀太硬而无法消受。为了吃光这么个大猎物，两小时足够了。但这么狼吞虎咽的情况甚是罕见。我曾见到过一两次，我当时就一直纳闷儿，这个饕餮（tāotiè，传说中的一种凶恶贪食的野兽，古代鼎、彝等铜器上面常用它的头部形状做装饰，叫作饕餮纹）

者是怎么找到地方存这么多的食物的？容量小于容积的原理是怎么颠倒过来为螳螂服务的？我惊叹它的胃的高超特性，它竟能让食物立即消化，溶解，穿肠而过。

在我的笼子里，蝗虫是螳螂的家常饭菜，大小不等，种类各异。看着它用劫持爪上的那对钳子夹住蝗虫蚕食着，实属一件趣事。虽然说它那尖尖小嘴似乎并不像是生就为大吃大喝所用的，可猎物却被它吃光了，只剩下双翅，而且，翅根上多少有点儿肉的地方也没有放过。爪子、硬皮全都穿肠而过。有时候，螳螂抓住一条肥硕的后大腿，送到嘴边，细细地品味着，一副心满意足的神态。蝗虫的肥硕大腿对它来说可能是上等好肉，犹如一块上好羊肉对我们而言一样。

螳螂先从猎物的颈部下口。当一只劫持爪拦腰抓住猎物时，另一只则按住后者的头，使脖颈上方断裂开来。于是，螳螂便把尖嘴从这失去护甲的地方插进去，锲而不舍地啃吃开来。猎物颈部裂开了大口。头部淋巴已遭破坏，蹬踢也就随之停止，猎物便成了一个没有知觉的尸体，螳螂因而可以自由选择，想吃哪儿就吃哪儿了。

如果我放进沙盆的是毒蜘蛛，螳螂只消把它们横着抓过来，就不用担心毒钩了。至于一般的昆虫，螳螂根本不必先摆出死神姿态把猎物吓呆，只等猎物上门抓住就可以了。

渐渐地，我用作观察对象的雌螳螂越来越多，每个沙盆里都住了好几只。为了避免这些脾气暴躁的家伙互相伤害，我给它们抓来数量充足的蝗虫，而且为了保证新鲜，每天要换两次食物。

开始的时候太平无事，但是随着雌螳螂肚子里的卵越来越成熟，交配和产卵季节到来了，它们的性情变得越发残忍反常，具有强烈的占有欲和忌妒心。沙盆里的雌螳螂开始互相挑衅，它们向自己的姐妹摆出死神姿势，恶狠狠地挥舞着镰刀。那是真正的搏斗，没有丝毫友爱之情，往往以悲惨的结局收场，胜者的嘴里躺着同胞残缺不全的尸体，简直惨不忍睹。

给这些性情大变的待孕妇寻找伴侣可不是件容易的事。在八月，雄螳螂十分难找，它们身材瘦小，吃得很少，但翅膀发达，一次能飞我走四五步远的距离。而雌螳螂因为肚子里的卵沉甸甸的，根本不飞跃，它们的翅膀似乎只在摆出死神姿势时才有用。最后，我终于把雌雄螳螂一对对安排好，让每一对都住在单独的沙盆里。

瘦弱的雄螳螂鼓起勇气，挺起胸，歪着脑袋，深情地凝望着未婚妻，久久不动。在得到默许的暗号后，它凑上前去，展开翅膀抖动起来，接下来是一个漫长而美好的婚礼。

然而，在交配完的当天，最晚在第二天，雌螳螂就像对待蝗虫一样把新郎官一口一口吃掉了。我又把第二只雄螳螂放了进去，雌螳螂休息片刻，欣然接受了第二任丈夫的求婚，同样在交配之后把它吃光。

在两个星期里，我惊讶地看到一只雌螳螂竟然接受了七次求婚，吃掉了七个丈夫！

在为这些雄螳螂叹息的同时，我不禁好奇，如果它们是在田野里交配，是不是有足够的时间逃走，免于一死呢？很快，我在野外见到的令人震惊的一幕彻底打碎了这个善良的念头。那是一对正在交配的螳螂，雄螳螂紧紧抱着雌螳螂，尽职地履行着给卵子受精的义务，然而它的头、颈已经没有了，它的胸膛在雌螳螂扭过头的啃咬之下，也在一点点地消失。这残酷、血腥的场面令人难以置信，却又千真万确。

在看到螳螂卵囊之前，我以为雌螳螂的天性就是这样粗鲁、野蛮的，但它们那些精巧、安全的育儿室改变了我的看法。

在向阳的地方很容易找到螳螂卵囊，只要粗糙的表面能把卵囊粘住，像石头、树根、干草，甚至破布、旧皮鞋开裂的皮面，都可以成为螳螂的产卵地点。

九月初的一天傍晚，我饲养的一只雌螳螂终于决定产卵了。它并没选择我精心准备的石块和干百里香，而是看上了坚硬的铁丝网，它觉得铁丝网比常见的粗糙表面支撑性更好，更容易把卵囊牢牢地固定住。

它爬上铁丝网罩子的顶部，身体倒挂着，腹部末端张开一道裂缝，从中排出了一种黏糊糊的物质。那道裂缝不停地一张一合，流出的黏液经过挤压、拍打、接触空气后，膨胀成了一团团包裹着气体的泡沫，就像我们搅打鸡蛋清一样。雌螳螂一边制造泡沫，一边产卵，它的腹部从左到右地摆动，每铺一层泡沫，就在其中产下一层卵，就这样层层叠加，留下了一条条横向的纹路。两分钟后，泡沫渐渐凝固了，变得越来越坚硬。

新造好的螳螂卵囊长四厘米、宽两厘米，一端尖、一端圆，颜色像麦子一样金黄。卵囊的中间部分是并列的两行，像瓦片一样层层相叠，每排瓦片的边沿都有细小的裂缝，这就是门。将来孵化的小螳螂要从门里钻出来，左边的小螳螂出左门，右边的小螳螂出右门。在每一层育儿室里，都沉睡着裹着淡黄色外壳的螳螂卵，它们头朝门口沿着圆圈排列。卵囊的其他部分则是密封的墙，墙体是坚固的泡沫体，既可以保温，又可以抵挡冬天的风雪。

螳螂卵囊刚造好的时候，出口处还覆盖着一层薄薄的东西，就像刷了层白油漆，这是由雌螳螂腹部最后一点儿干净、细腻的泡沫形成的。这层白漆很容易破碎，要等它脱落后，才能看到出口的裂缝。在筑卵囊的时候，雌螳螂一次也没回头看过，却像个建筑大师一样安排好每一层的育儿室，把孩子放进去，同时垒起保温性能绝佳的墙，留出大门，最后还要刷一层白漆，没要任何帮助就完成了这个完美的建筑。

我钦佩地看着雌螳螂，盼着它能转过身，欣赏一下自己的杰作，对自己的孩子流露些许温情。再次让我震惊的是，雌螳螂一产完卵，就冷漠地离开了，甚至有几只蝗虫靠近螳螂卵囊它也没加理会，完全忘了里面睡着自己的四百多个孩子，真是个铁石心肠的妈妈啊！

螳螂卵囊在普罗旺斯的乡下非常出名，农民们都叫它“梯格诺”。在这些淳朴的乡人眼里，“梯格诺”是治疗冻疮的特效药，据说只要把螳螂卵囊剖开，压出汁液，抹在患处就能治愈。在接下来的冬天，我给自己和家人试用之后发现毫无疗效，冻伤的地方还是又肿又痒。此外，妇女们还喜欢在月光皎洁的夜晚外出收集“梯格诺”，把它们小心地缝在衣兜里。邻居有人牙疼的时候，就会跑来跟她们借：“我疼得脸都肿了，快借我一点儿治牙疼的‘梯格诺’吧。”

这时善良的妇女会立刻拆开缝线，一边递上“梯格诺”，一边叮嘱道：“这是最后一个，千万别弄丢了，最近可没有那么好的月色啦。”

别看“梯格诺”这么大名鼎鼎，当我告诉农民们这就是螳螂卵囊的时候，大家都惊讶极了。

尽管被当作灵丹妙药收走了很多，但田野里仍有大量的螳螂卵顺利地度过严冬，迎来了温暖宜人的季节。

六月中旬的上午，阳光明媚，螳螂卵通常的孵化时刻到了。首先，在每个门口的鳞片下，露出一个半透明的小块，后面有两个大黑点，那就是眼睛。新生的幼虫与其说像螳螂，不如说更像一条小船，缓缓滑动着向外钻。它有一个胖脑袋，身体黄中透红，嘴贴在胸前，腿贴在腹部，这是螳螂的初态幼虫。它在刚孵化时穿着比较圆润的外套，这样才能方便地钻出育儿室，而不碰伤纤细的腰、腿和触须。

初态幼虫的头部逐渐胀大，里面充满了液体，成了一个颤颤巍巍的水泡。幼虫不停地一伸一缩，每扭动一下，水泡就变大一些。最后，它的头使劲儿弯向胸口，外套从胸前裂开了，于是它更加努力地弯曲、伸直、扭动。终于，腿挣脱出来了。长长的触须也获得了解放，一只真正的小螳螂出现了。刚脱掉的外套就像一根细带子，被风吹得乱晃。

第一只小螳螂的孵化吹响了育儿室的起床号，每一层的卵纷纷醒来，通道里变得热闹极了，大门处渐渐挤满了穿着外套的幼虫，它们争先恐后地往外钻。可是，就在螳螂窝边，有一些家伙早已垂涎三尺（流出来的口水有三尺长。形容非常贪馋的样子。涎，xián），等不及美餐一顿了。

首先冲上去的是蚂蚁，它们没法儿咬破坚固的螳螂卵囊，所以提前几天就埋伏在大门外，穿着外套的幼虫一露头，立刻就被蚂蚁揪住，撕掉外衣咬成碎块。幸运的是，成功脱掉外套的小螳螂越来越多，它们只要逃过蚂蚁，多接触空气一会儿就能变强壮。这些小家伙举起前臂自卫，骄傲地穿过蚁群，不用躲躲闪闪，反而能把蚂蚁撞到一边。它们爬上旁边的树叶，或者掉在草地上，打算探索新世界，完全没想到还有更厉害的敌人窥视着自己。

从矮墙上爬下来一只小灰蜥蜴，它飞快地弹动舌尖，轻轻松松就把逃出蚁群四处游荡的小螳螂舔进了肚子。每舔一口，它都眯起眼睛品尝着鲜嫩的味道，显得十分满意。

除此之外，有些小螳螂甚至没机会见到阳光，就成了别人的猎物。有一种小蜂科的昆虫，它利用尾巴上的尖刺把卵产在坚固的螳螂卵囊里，孵化的幼虫就以螳螂卵为食，直到把整个卵囊都吃空。这样的暴行在昆虫中毫不稀奇，所以，螳螂在一个卵囊里产几百个卵并不多，也许还有点儿少。为什么雌螳螂不产更多的卵，让繁衍后代变得容易些呢？

我在我的荒石园里漫步思索，一棵樱桃树吸引了我的视线，它在池塘畔舒枝展叶，春天繁花如雪，现在则挂满了鲜艳欲滴的红樱桃。成群的麻雀叽叽喳喳地坐在树枝上大吃特吃；胡蜂咬破薄薄的果皮，小口吮吸着甜汁；花金龟美滋滋地吃饱睡熟了；小飞蝇醉倒在流淌着果浆的饭桌上……樱桃核掉在树下，一直眼巴巴看着的地面居民们立刻行动起来，蚂蚁、蛞蝓（kuòyú）把果核上的残肉一点点啃净，田鼠们忙着把光溜溜的果核搬回洞里储存，冬天它们会咬开硬壳，吃里面的果仁。

这棵茂盛的樱桃树每年结果无数，却没有长出遍地的小樱桃苗，周围许许多多的小动物都靠樱桃果实养活，而这些动物最终将化为养料，回归到树根深处的土壤里，进入生命的轮回：春天，肥沃的土壤滋养着樱桃树，树下的草坪也会格外青翠，蝗虫咀嚼鲜美的草叶，螳螂在后大刀一挥，蚂蚁们分享完螳螂幼虫，转眼又进了母鸡的肚子，至于这些母鸡，不久就会躺在盘子里被端上人们的餐桌。

原来，螳螂那些密密麻麻的小卵，只有很少一部分用来繁衍后代，其他都将进入大自然的食物链，为了开始而结束，为了新生而死亡。也许，在我思考的时候，燃烧的就是小螳螂流入我血管里的能量，并且迸发出思想的火花。

（本篇选自《昆虫记》原著第五卷）

灰蝗虫

导读

我们很难亲眼看到种子发芽、叶子舒展、花朵绽放的全过程，但如果是看蝗虫如何从肥胖难看的幼虫，蜕变成有着漂亮大翅膀的成虫，那花上几个小时就够了。现在，让我们透过法布尔那双善于观察的眼睛，一同去欣赏蝗虫奇迹般的华丽蜕变吧！

我刚刚看到一件激动人心的事：一只蝗虫在最后蜕皮，成虫从幼虫的壳套中钻了出来。情景壮观极了。我观察的是一只灰蝗虫，它是蝗虫族类中的巨人，九月葡萄收获季节，在葡萄树上常常见到它。它身体有一指长，所以比别的蝗虫观察起来方便得多。

幼虫肥胖难看，但已初具成虫的模样，通常呈嫩绿色，但也有的是青绿色、淡黄色、红褐色，甚至有的已像成虫的那种灰色了。其前胸呈明显的流线型，并有圆齿，还有小的白点，多疣（yóu）；后腿已像成年蝗虫一样粗壮有力，饰有红色纹路，而长长的小腿上长着双面锯齿。

鞘翅再过几天就将大大超过肚腹，但目前还只是两片不起眼的三角形小羽翼，上端贴在流线型前胸上，下端边缘往上翘起，呈尖形披檐状。鞘翅勉强能遮住裸体蝗虫背部，宛如西服的垂尾，因省料子而剪短不够长，显得十分难看。鞘翅遮盖着的是两条细长小带子，那是翅膀的胚芽，比鞘翅还要短小。总之，很快将成为灵巧漂亮的羽翼，眼下还是两块为节省布料而剪得难看至极的破布头。从这堆破烂玩意儿里将有什么东西跑出来呢？是一对极其宽阔而美丽的翅膀。

咱们先仔细观察一番事情的经过。幼虫感到自己已经成熟，可以蜕变之后，便用后爪和关节部位抓住网纱。而前腿则收回，交叉在胸前待命，以支持背朝下躺着的成虫翻转身来。鞘翅的鞘——三角形小翼呈直角地张开其尖帆；那两条翅膀胚芽的细长小带子在暴露出的间隔处的中央竖起，并微微分开。这样，蜕皮的架势业已摆好，稳稳当当的。

首先必须让旧外套裂开。在前胸前端下部，由于反复一张一缩的缘故，推动力便产生了。在颈部前端，也许在要裂开的外壳掩盖下的全身都在反复进行着这种一张一缩的运动。关节部位薄膜细薄，可以让人一眼看到在这些裸露地方的张缩运动，但前胸中央部位因有护甲挡着就看不出来了。

蝗虫中央部位血液在一涌一退地流动着。血液涌上时宛如液压打桩机一般一下一下地撞击着。血液的这种撞击，机体集中精力产生的这种喷射，使得外皮终于沿着因生命的精确预见而准备好的一条阻力最小的细线裂开。裂缝沿着整个前胸的流线体张开，宛如从两个对称部分的焊接线裂开一样。外套的其他部分都无法挣开，只有在这个比其他部位都薄弱的中间地带裂开。裂缝稍稍往后延伸了一点儿，下到翅膀的连接处，然后再转到头部，直至触须底部，在此处分成左右短叉。

背部从这个裂口显露出来，软软的、苍白的，稍稍带点儿灰色。背部在缓慢地拱起，越拱越大，终于全拱出来了。

随后头也拱出来了。外壳被撇在原地，完好无损，但两只玻璃状的眼睛已什么也看不见了，样子极怪；触须的套子没有一丝皱纹，也未见任何异样，处于自然状态，垂在这张变成半透明的已无生气的脸上。

触须在从这么窄小又裹得如此紧的外套中钻出来时并没有遇到任何阻力，所以外套没有翻转过来，没有变形，连一点儿褶皱（zhězhòu，皱纹）都没弄出来。触须的体积与外壳大小一样，而且同样是有节瘤的，可它却并未损坏外壳，轻易地从中钻了出来，如同一个光滑直溜儿的物件从一个宽大无障碍的管子里滑落出来一般。后腿的伸出也一样轻而易举，且更令人震惊。

现在该是前腿然后是关节部位摆脱臂铠和护手甲了，但也未见有丝毫的撕裂，没有丝毫的褶皱，没有丝毫的自然位置的变异。此时蝗虫只用长长的后腿的爪子抓住网罩。它垂直悬吊着，头冲下，我一碰纱网，它就像钟摆似的摆动起来。它的悬吊支点是四个细小的弯钩。

如果这四个弯钩一松，没抓住，这只蝗虫就没命了，因为除了在空中以外，它的巨大翅膀在其他地方是张不开的。但是，它们抓得牢牢的，因为在它们从外壳伸出来之前，生命就使它们变得坚硬牢固，能稳稳当当地承受得起随后从外壳中挣脱的使命。

现在鞘翅和翅膀在出来。那是四个窄小的破片，隐约可见一些条纹，状如被撕裂的小纸绳，顶多只有最终长度的四分之一。它们软极了，支撑不了自身重量，耷拉在头朝下的身子两侧。翅膀末端无所依靠，本该冲着后部，现在却冲着倒挂的蝗虫的头部。蝗虫未来飞行器官那副惨相如同原本肉乎乎的四片小叶子被暴风雨打得破败不堪的模样。

为了让自己臻（zhēn，达到）于完善，必须进行一项深入细致的工作。这项机体内的工作甚至已经在充分地进行着，也就是把黏液凝固，让不成形的结构定型，但是，从外部丝毫看不出来其内部的这种神秘的实验。外面看上去，蝗虫似乎毫无生气。

这期间，后腿摆脱开来。粗大的大腿呈现出来，向内的一侧呈淡粉红色，但很快便变成了鲜艳的胭脂红。后腿出来很容易，把收缩的骨头一伸，道路便畅通无阻了。但小腿就是另一码事了。当蝗虫成为成虫时，整条小腿上竖着两排坚硬锋利的小刺。另外，下部顶端有四个有力的弯钩。这是一把货真价实的锯，有两排平行的锯齿，极其粗壮有力，除了小点儿之外，真可以与采石工人的大锯相媲美。

幼虫的小腿结构相同，因此也是裹在有着同样装置的外套里。每个弯钩都嵌在一个同样的钩壳之中，每个锯齿都与另一个同样的锯齿相啮合，而且咬合得严丝合缝，即使用刷子刷上一层清漆来替代要蜕掉的外壳也不如它们那么紧紧相贴的。

然而，胫（jìng，小腿）骨的这把锯子从中蜕出来时却没有让紧贴着外壳的任何地方有一点点损伤。如果我没有一而再，再而三地仔细观察，我是不敢相信的。被抛弃的小腿护甲完完整整，毫发未损。无论是末端的弯钩还是双排锯齿都没有弄坏一点儿软嫩的外壳。那外壳细嫩得一口气都能把它吹破，但尖利的大耙在其间滑动却未留下一丝的擦伤。

我远未想到会是这种情况。我看到那披着刺棘的铠甲时，我就以为小腿上的外壳会像死皮似的自己一块块脱落，或者被擦碰掉下。但事实却远非如此，这大出我所料！

弯钩和刺棘毫不费力，没有一点儿阻碍地从薄膜里出来了，可它们却是能让小腿形同一把可锯断软木头的锯子的呀。脱下来的衣服靠在其爪状外皮、钩在网罩的圆顶上，无一丝一毫的褶皱和裂缝，用放大镜也没看到有什么硬擦伤。外壳蜕皮前后一模一样。那蜕下的护胫也同那条真腿一样，无丝毫的差异。

谁要是让我们把一把锯子从贴在其上的极薄的薄膜套里抽出来而又不对薄膜套有丝毫损伤，那我们必然是哈哈大笑，因为这根本就办不到。生命却嘲弄了这类的不可能。生命在必要时有办法实现荒诞的事情。蝗虫的爪子就告诉了我们这一点。

既然胫骨锯一出了套就那么坚硬，所以紧紧地裹住它的套子不被弄碎的话它肯定是出不来的。但困难被它绕开来了，因为胫甲是它唯一的悬挂带，必须绝对完好无损，才能给它提供牢固的支撑直至它完全摆脱出来。

正在努力挣脱的腿还不是能够行走的肢体，它还没有达到随后不久的那种硬度。它非常软，极易弯曲。我对它的蜕皮部分做了实验，我把网罩倾斜，便会看到已经蜕皮的部分因受重力影响，随我的意愿在弯曲。呈细小的带状弹性胶质也没什么弹性了。但是，它很快就硬了起来，只几分钟工夫，它便具有了所必需的硬度。再往前些，在外套遮住的我看不见的部分里，小腿肯定要软，处于一种极具弹性的状态，可以说是流体状的，这使得它几乎可以像液体似的从通道中流出来。

小腿上这时已经有锯齿了，但并不像它出来之后那么尖利。的确，我可以用小刀尖给小腿部分地剔去外壳，并拔除被模子紧裹着的小刺。这些小刺是锯齿的胚芽，是柔软的肉芽，稍加外力便会弯曲，外力一除又立刻恢复原状。

这些小刺是向后仰倒以利蜕出的，而随着小腿往外伸出，它们也在逐渐地竖起、变硬。我所观察的不是单纯地把护腿套蜕去，露出在盔甲中已成形的胫骨，而是一种令我惊讶不已的迅速的诞生过程。

螯（áo）虾的钳子在蜕皮时把两只手指的嫩肉从硬如石头的旧套中挣脱出来时，情况差不多也是这样，但细腻精确的程度却远不及蝗虫。

现在，小腿终于自由了。它们软软地折进大腿的骨沟里，一动不动地成熟起来。肚腹蜕皮了，它那件精细的外套出现了皱纹，再往上蜕去，直至顶端，只有这顶端还在壳内卡了一会儿，除此之外，蝗虫全身都已露在外面。

它垂直地吊挂着，头朝下，由现已空了的小腿护甲的钩爪钩住。

蝗虫一动不动，后部由破烂衣衫固定着。它的肚子鼓胀得非常之大，看上去像是由储存的机体液汁撑起来的，翅膀和鞘翅很快就要动用这些液汁了。蝗虫在休息，在恢复元气。一直这么等了有二十分钟。

然后，只见它脊椎一着力，由倒悬成正挂，用前跗（fū）节抓牢挂在头上的旧壳。用脚倒钩高空秋千倒挂着的杂技演员为了正过身来，腰部也没有这么用力的。这么用力的一个翻转之后，其他的就不在话下了。

蝗虫依靠自己抓住了支撑物后，便稍稍往上爬，碰到了罩子的网纱，这网纱恍若在野地里蜕变时所依托的灌木丛。它用四只前爪把自己固定在网纱上。这么一来肚腹末端就完全解脱了，然后又猛地最后一挣，旧壳便掉了下去。旧壳的落下让我颇感兴趣，它使我想起了蝉衣是如何顽强坚毅地顶着凛冽寒风而未从挂住的小树枝上掉下去的。蝗虫的蜕变方式几乎与蝉一模一样。可蝗虫的悬挂点怎么会那么不牢固呢？

只要挺身动作没结束，弯钩就牢牢地钩住，而这个动作一做完，似乎全身的一切都动摇了，稍微一动便脱落下来。足见这时的平衡很不稳定，这就再一次显出蝗虫从外套中出来是何等精确无误啊。

我因为找不到更好的术语，所以便用了“挺身”一词，其实这并不完全贴切。“挺身”意味着猛烈，而这个动作中没有猛烈，因为平衡的不稳定的缘故，稍微一用力，蝗虫便会摔下来，一命呜呼，它就会干死在那儿，或者至少它的飞行器官因无法展开而将成为一堆破烂儿。蝗虫并不是硬挣出来，它小心谨慎地从外套中滑动出来，仿佛有一根柔软的弹簧在把它轻轻弹出。

我们再回头看看那些蜕皮之后表面上没有丝毫变化的鞘翅和翅膀吧。它们仍旧残缺不全，几乎像是上面有细竖条纹的小绳头。它们要等到幼虫完全蜕皮并恢复正常姿态之后才会展开。

我们刚才看到蝗虫翻转身子，头朝上了。这种翻身动作足以让鞘翅和翅膀回到正常位置。原先它们极其柔软地因自身重量而弯曲地垂着，自由的一端朝着倒置的头部。

此刻，它们仍旧因自身的重量而姿势被修正，处于正常方向，颠倒的位置也调正过来，但这并没使它们那不起眼的外表有任何的改变。

翅膀完全张开时呈扇形。一束轮辐状的粗壮翅脉横贯翅膀，成为可张可缩的翅膀构架。翅脉间，有无数横向排列的小支架层层叠起，使整个翅膀成为一个带矩形网眼的网络。鞘翅粗糙而过小，也是这种网络结构，但网眼是方块形的。鞘翅和翅膀状若小绳头时，都看不出这种带网眼的组织来。上面仅仅是几条皱纹，几条弯曲的小沟，仿佛这些残缺不全的肢体，是经精巧折叠使体积达到最小的织物构成的东西。

翅膀的展开是从肩部附近开始的。那儿一开始看不出有什么变化，但很快便现出一块半透明的纹区，有着清晰而美丽的网络。

渐渐地，这块纹区用一种连放大镜都观察不到的缓慢速度在一点点扩张，致使末端那胖得不成形的东西在相应地缩小。在逐渐扩展和已经扩展的这两部分的相接处，我怎么看也看不出个所以然来：我什么也没看出来，如同我在一滴水中什么也看不出来一样。但是，少安毋躁，不一会儿那方块网络组织就非常清晰地显现出来了。

根据这初步观察，我们真的会以为一种可以组织成实物的液体突然凝固成带肋条的网络了；我们还会以为眼前的是一种晶体，因其突如其来，颇像显微镜载玻片上溶化的盐似的。其实并非如此：情况不会是这样的，生命在其创作中是没有这种突如其来的。

我折断一个发育了一半的翅膀，用高倍数的显微镜对着它仔细观察。这一次，我满意了。在似乎正逐渐结网的两部分的交接处，这个网络实际上已预先存在着。我很清楚地辨别出其中的已经粗壮的竖翅脉；我还看见其中横向排着的支架，尽管它们确实还很苍白且不凸出。我成功地把末端的几块碎片展开来，找到了要找的一切。

这已经证实了。翅膀此刻并不是织布机上由电动梭子生产出来的一块布料，而是一块已经完全织成了的成品布料。它所欠缺的只是展开和刚性，无须费多少事了，这就像熨衣服时用熨斗一熨就成了。

三个多小时过后，鞘翅和翅膀就全部展开了。它们竖立在蝗虫背上，呈一张大帆状，忽而无色，忽而嫩绿，如同蝉翼一开始那样。联想到它们原先只像是个不起眼的小包袱，如今展开得这么宽大，真令人拍案叫绝。这么多东西是怎么在那小包袱里装下去的呀！

小说中说过一粒大麻籽儿里装着一位公主的全套衣裳。而我们这儿所见的是另一粒更加惊人的籽儿。小说里的那粒大麻籽儿为了发芽不断地增长繁殖，最后用了多年的时间才长出办嫁妆所需要的那么多大麻来，而蝗虫的这粒“籽儿”，短时间内便长出一对漂亮的大翅膀来了。

这个竖起四块平板来的绝妙大翅膀缓慢地坚硬起来，还增加了色彩。第二天，那颜色便已定型。翅膀第一次折合成一把扇子，贴在自己应在的地方；鞘翅则把外边缘弯成一道钩贴在体侧。蜕变完成了。大灰蝗虫只剩下在灿烂的阳光下使自己更加壮实，使自己的外衣晒成灰色的过程了。让它去享受自己的快乐，我们还是稍稍回头看看。

前面说过，在紧身甲顺着底部中线裂开后不久便从外套中出来的那四个残缺不全的东西，包含着翅脉网络的鞘翅和翅膀，这网络即便谈不上完美无缺，但至少整体看来无数细部已经定型。为打开这寒碜的包袱，并让它变成美丽的翅膀，只需让起压力泵作用的机体把储存着为此时刻而用的液汁注入已准备好的脉管里面去即可，而这是最为辛劳的时刻。通过这个事先弄好的管道，一股细流便把翅膀给撑开了。

但是，仍旧包裹在外套里的这四片薄纱究竟是个什么情况呢？幼虫翅膀的镘（màn，抹墙用的抹子）刀、三角翼端是不是一些模具，按照它们那弯曲折叠的皱襞（bì，衣服上打的褶子，泛指衣服的皱纹）的模样，把包裹着的东西加工定型，从而编织出来的鞘翅和翅膀的网络？

如果我们看到的不是个真正的模具，我们就可以稍许歇上一歇了。我们会想：用模具铸出来的东西跟凹模一样，这是很简单的。但是，我们脑子的歇息只是表面的，因为我们必然会想，模具那样复杂的结构也得有自己的出处呀！我们也别追得那么深。对我们来说，这一切可能都是两眼一抹黑的。我们就局限在所观察到的情况就行了。

我把一只要蜕变的幼虫的一个翼端放在放大镜下仔细观察。我看到上面有一束呈扇形辐射开来的粗壮翅脉，其间夹杂着另外一些苍白而细小的翅脉。最后，还有许多很短的横线，更加细微，弯成人字形，补足了这个组织。

这就是未来鞘翅的简略雏形。它与成熟了的鞘翅真是有天壤之别！它与类似建筑物梁木的翅脉的辐射状布局完全不一样，由横翅脉构成的网络丝毫不像未来的复杂结构。继粗略雏形的是极其复杂的结构，而在粗糙的基础上是臻于完善的。翅膀的翼端及其结果，即最终的翅膀也同样是这种情况。

当准备状态和最终状态都呈现在眼前时，就一目了然了：幼虫的小翼并不是按其模样加工材料并按照其凹模来制造鞘翅的简单模具。

不是这样的。所期待的包裹状薄膜还没在这个雏形当中，这个包裹一旦打开，其组织之大、之复杂将会令我们惊讶不已。或者更确切地说，这个包裹状薄膜就在雏形中，但是处于潜在状态。在成为真正的实物之前，它只是个虚拟形态，但可以变成实物。它存在于雏形之中，就像橡树就存在于橡栗之中一样。

翅膀的镘刀和鞘翅的翼端没有固定着的边缘为一圈半透明的小肉球所包围。经高倍放大镜放大之后，可以看见其中有几个似有似无的未来锯齿的雏形。这很可能是生命将使其物质运动的工地。没有任何可以看得出来的东西使人感觉到那个神奇的网络的存在，我们感觉不到这个网络的每一个网眼都将会有自己明确的形状及其精确的位置。

因此，能使这种可以组织起来的材料具有薄纱状，并让脉序构成一个难以绕出的迷宫，势必有比模具更巧妙、更高级的结构，势必有一张标准的平面图，有一个让每一个原子进入规定位置的理想的施工说明书。在材料动起来之前，外形已经明确地勾勒出来，供塑性液流流动的管道也已经铺设好了。我们建筑物的砾石已按照建筑师思考好的施工说明书码放好了；它们先按设想的码放，然后便真正地垒砌起来。

同样，蝗虫翅膀这个从不起眼的外套中挣脱出来的美丽的花边薄翼，让我们知道了有另一位建筑师，它画出了一些平面图，生命则按这些图去建造。

生物的诞生方式多种多样，有比蝗虫的诞生更让人惊叹不已的，但是，那都是在不知不觉中进行的，被时间这巨大的帷幕遮盖住了。如果我们不具备持之以恒的精神，那神秘缓慢的进程就会让我们看不到最激动人心的场面。而蝗虫的蜕变却不一样，它快得出奇，所以必须全神贯注，即使你再犹豫也不能放松警惕。

谁要是想看一看生命以多么不可思议的灵巧在工作而又不想枯燥乏味地等候的话，那就去看葡萄树上的大蝗虫好了。种子发芽，叶子舒展，花朵绽放都极其缓慢，我们的好奇心难以得到满足，但葡萄树上的大蝗虫却可以代替之，以了却我们的心愿。我们无法看到小草的缓慢生长，但我们能十分清楚地观察到蝗虫的鞘翅和翅膀的蜕变过程。

看到这个“大麻籽儿”几个小时就变成了一张漂亮的大帆，真让人惊得目瞪口呆。啊！生命在编织蝗虫的翅膀，真不愧是个能工巧匠，而蝗虫只是那些微不足道的昆虫中的一种而已。老博物学家普林尼谈到它时说道："葡萄树蝗虫在这个刚向我们指出的不为人知的角落里，显示出它是多么强大，多么聪慧，多么完美！"

我听说有一位博学的研究者，他认为生命只不过是物理力和化学力的一种冲突而已，他苦思冥想，希望有一天以人工的方法能获得那种可加以组织的材料，亦即行话所说的"原生质"。如果我有这种能力，我会急于满足这个雄心勃勃的人的。

喏，就这样，你准备好了各种各样的原生质。经过深思熟虑、深入研究、耐心细致、谨慎小心，你的愿望实现了；你从你的实验仪器中提取了一种易于腐败、过几天就发臭的蛋白质黏液，总之，是一种脏得很的玩意儿。你将如何处置你的产品？

你将把它组织起来吗？你将给它以活的建筑结构吗？你将用一种注射器把它注入两个不会搏动的薄片中间去，以获取哪怕是一只小飞虫的翅膀吗？

蝗虫几乎就是按这种方法干的。它把它的原生质注入小翅膀的两个胚层之间，材料也就在其间变成了鞘翅，因为它在那儿有我们前面所说的原型作为指引。它在自己行程的迷宫中按照先于它存在那儿的并且已制定好的施工说明书行动。这种对形状进行协调的原型，这个事先存在的调节物，你的注射器里有吗？没有。所以说你就把你的产品扔掉吧。生命是绝不会从这种化学垃圾中迸发出来的。

（本篇选自《昆虫记》原著第六卷）

绿蝈蝈

导读

七月的夜晚，鸣叫了整个白昼的蝉要休息了，但是绿蝈蝈的出现，打破了夏夜的宁静。绿蝈蝈喜欢攻击比自己个头儿大、强壮得多的庞然大物，可它又不是自大盲目的昆虫，它聪明而又凶狠凌厉，对于蝉来说，绿蝈蝈简直是噩梦一样的存在！

现在已是七月中了，按照气象学，三伏（初伏、中伏、末伏的合称。夏至后第三个庚日是初伏第一天，第四个庚日是中伏第一天，立秋后第一个庚日是末伏第一天，初伏、末伏各十天，中伏十天或二十天。通常也指从初伏第一天到末伏第十天的一段时间，一般是一年中天气最热的时期）天刚刚开始，但实际上，酷热赶在日历的前头到来，几个星期以来，简直是酷热难当。

今晚，村子里在举行庆祝国庆的晚会。村童们正在围着一堆旺火欢蹦乱跳，我影影绰绰地看到火光映到教堂的钟楼上面，“嘭啪嘭啪”的鼓声伴随着“窜天猴”烟火的唰唰声响，这时候，我独自一人在晚上九点钟光景那习习凉风中，躲在暗处，侧耳细听田野间那欢快的音乐会。这是庆丰收的音乐会，比此时此刻村中广场上那烟火、篝火、纸灯笼，尤其是劣质烧酒组成的节日晚会更加庄严壮丽，它虽简朴但美丽，虽恬静但具有威力。

夜已深了，蝉鸣声止。整个白昼，它们饱尝阳光和炎热，尽情欢唱不止，而夜晚来临，它们要歇息了，但是它们常常被搅扰得无法休息。梧桐树那浓密的枝杈中，突然会传来一声如哀鸣般的闷响，短促而凄厉。这是被绿蝈蝈突然袭击所惊扰的蝉的绝望哀号。绿蝈蝈是夜间凶猛凌厉的猎手，它向蝉扑去，将蝉拦腰抱住，把它开膛破肚，掏心取肺。欢歌曼舞之后，竟是杀戮。

在我的住处附近，绿蝈蝈似乎并不多见。去年，我计划着研究研究这种昆虫，但是一直没有找到过它，只好恳求一位看林人帮忙，他终于帮我从拉加尔德高原弄到两对绿蝈蝈。那里是严寒地区，山毛榉现在正开始往旺杜峰长上去。

好运总是要先捉弄一番，然后才向着坚忍不拔者微笑的。去年久寻不见的绿蝈蝈，今夏已经几乎是随处可见了。我用不着走出我那狭小的园子，就能捉到它们，想要捉多少就有多少。每天晚上，我都听见它们在茂密的树丛草窠（kē，鸟兽昆虫的窝）中鸣叫。把握好这个好时机，机不可失，时不再来。

自六月份起，我便把我所捉到的足够多的一对对绿蝈蝈关进一只金属网钟形罩中，下面是一只瓦罐，铺了一层沙子做底。这漂亮的昆虫简直棒极了，全身淡绿色，身体两侧有两条淡白色的饰带。它体形优美，身轻体健，有一对罗纱大翅膀，是蝗虫科昆虫中最优雅美丽的（按照目前的分类学，蝈蝈属于螽斯科）。我因捉到这样的一些俘虏而扬扬自得。它们将会告诉我些什么呀？等着瞧吧。眼下必须把它们喂养好。

我给这帮囚徒喂莴苣叶。它们果然在啃咬，但是吃得极少，而且不屑吃的样子。我很快就弄明白了：我养的是一些不太甘愿吃素的家伙。它们需要别的，看上去是想捕捉活食。但到底是哪种活食呢？一个偶然的机会让我知道了是什么。

破晓时分，我在门前溜达，突然旁边一棵梧桐树上掉下点儿什么东西，还吱吱地在叫。我赶忙跑上前去，是一只蝈蝈在掏空被它抓住的一只蝉的肚腹。蝉徒劳地鸣叫，挣扎，蝈蝈始终紧咬住不放，把脑袋深扎进蝉的内脏中，一小口一小口地撕拽出来。

我明白了：蝈蝈是一大早在树的高处趁蝉歇息时发动袭击的，受袭的被活活地开膛的蝉猛然一惊，随即进攻者和被袭者扭成一团跌落下来。那次以后，我曾多次看到这类似的屠杀场面。

我甚至见到过胆量过人的蝈蝈蹿起追扑晕头转向乱飞逃命的蝉，犹如在高空中追逐云雀的苍鹰。与胆量过人的蝈蝈相比，猛禽略逊一筹。苍鹰专攻比自己弱小的动物，而蝗虫类则相反，它们攻击比自己个头儿大得多、强壮得多的庞然大物，而这场个头儿相差许多的肉搏的结果是小个头儿必赢无疑。蝈蝈有极强的下颚和利爪，很少不把对手开膛破肚的，而后者因没有武器，只有哀号和挣扎的份儿了。

要紧的是要把猎物攥（zuàn，握）住，这倒并不难，趁夜间猎物打盹儿的工夫下手即可。凡是被夜巡的凶猛的蝈蝈撞上的蝉都难免惨死。这就可以理解了，为什么夜阑人静，蝉声停止之时，有时会突然听见树冠中传出吱吱的惨叫声。那是身着淡绿色衣服的强盗刚刚捉住一只入睡了的蝉。

我找到了我的食客们所需之食物：我就用蝉来喂养它们。它们觉得这道菜非常合胃口，所以两三个星期的工夫，我那笼子里就一片狼藉，蝉脑袋、空胸壳、断翅膀、断肢碎爪，无处不在。只有肚子几乎整个儿地不见了。肚腹是块好肉，虽然营养成分不高，但看来味道很好。

确实，蝉腹中的嗉囊（鸟类的消化器官的一部分，在食道的下部，像个袋子，用来储存食物。嗉，sù）里积存着糖浆，那是蝉用自己的小钻从嫩树皮里汲出来的香甜液汁。是否就因为这种蜜饯，蝉的肚腹才成为猎人的首选？这很有可能。

为了使食谱多样化，我其实还专门喂它们一些香甜的水果，比如梨片、葡萄、甜瓜片等等。这些水果它们全都很爱吃。绿蝈蝈就像英国人：它非常喜欢浇上果酱的牛排。也许这就是它一抓住蝉，就要开膛破肚的缘故：肚子里装着裹着果酱的鲜美肉食。

并非在任何地方都可以吃到这种甜蝉美味的。在北方地区，绿蝈蝈遍地皆是，它们不可能找得到它们在我们这儿所热衷的这种美食。它们大概还有别的吃食。

为了弄清楚这个问题，我给它们喂细毛鳃角金龟，这是一种夏季鳃角金龟，与春季鳃角金龟相同。这种鞘翅昆虫一扔进笼里，绿蝈蝈们便毫不迟疑地扑上去了，吃得只剩下鞘翅、脑袋和爪子。我又投进去漂亮而肉肥的松树鳃

角金龟，结果也一样，第二天我发现它被那帮凶神恶煞之徒给开膛破肚了。

这些例子已足以说明问题了。这证明绿蝈蝈是个嗜食昆虫者，尤其爱吃没有过硬甲胄（zhòu，古代打仗时戴的保护头部的帽子）保护的那些昆虫；这还证明它们特别喜欢肉食，但又像螳螂那样只吃自己捕获的猎物。这个蝉的刽子手还知道肉食热量太高，须用素食加以调剂。吃完肉喝完血之后，还要来点儿水果什么的，有时候，实在没有水果，来点儿草吃吃也是可以的。

然而，同类相残仍然存在。其实我还从未看到我笼中的飞蝗像螳螂那样的野蛮行径，后者经常拿自己的情侣开刀，吞食自己的情侣。不过，假若笼中的某个体弱的飞蝗倒下，幸存者们会像对待一般猎物那样毫不迟疑地扑上去的。它们并不是因为食物匮乏才以死去的同伴充饥的。不管怎么说，凡是身有佩刀的昆虫都不同程度地有以伤残同伴为食的癖好。

除了这一点以外，我笼子里的飞蝗们倒是和平共处地生活着。它们彼此之间从未见有过狠打狠斗，顶多也就是因食物而稍许争抢一番而已。我刚扔进笼子里一片梨，一只飞蝗便立即霸占上了。因为怕别人来争抢，它就踢腿蹬脚，不让别人过来抢它的美食。自私自利无处不在。它吃饱了，就把位子让给别人，后者随即也霸道地占着梨片。笼中的食客就这么一个一个地飞上去占上一番。吃饱喝足之后，大家便用大颚尖挠挠脚掌，用爪子蘸（zhàn）点儿唾沫擦擦额头和眼睛，然后便用爪子抓住网纱或躺在沙地上，做沉思状，悠然自得地在消食。它们白天的大部分时间都在睡大觉，尤其是天气炎热时，更是如此。

到了日落西山，夜幕降临时，这帮家伙劲头儿便上来了。九点钟光景，它们闹腾得最欢，忽而猛地冲上圆顶高处，忽而又兴冲冲地下来，一会儿再冲上去。大家吵嚷着来来去去，在环形道上跑跑跳跳，遇上好吃的便咬上两口，也不停下来。

雄性绿蝈蝈待在一旁，用触须挑逗路过的雌性。未来的母亲们庄重严肃地踱着步，佩刀半抬着。对于那些猴急的狂热雄性来说，现在的大事就是交配。有经验者一看就知道它们想干什么。

这也是我所观察的主要内容。我的愿望得以满足，但并不是完全满足，因为下面的好事拖得太晚，我没能看到最后那一幕。那最后的一幕要拖到深夜或者凌晨。

我所看到的那一点点只局限于没完没了的序幕那一段。热恋的情侣面对面，几乎头碰头地用各自的柔软触角彼此触摸，互相试探。它们两个仿佛用花剑互击来以示友好的对手。雄性不时地鸣叫几声，用琴弓拉上几下，然后便寂然无声，也许是因为过于激动而没继续拉下去。十一点了，求爱仍未结束。我实在是困得不行，颇为遗憾地撇下了这对情侣。

第二天早晨，雌性产卵管根部下方吊挂着一个奇特的玩意儿，是装着精子的口袋，宛如一只乳白色的小灯泡，大小如天平砝码，隐约地分成数量不多的长圆形囊泡。当雌性绿蝈蝈走动时，那小灯泡擦着地，粘上一些沙粒。然后，它拿这个受孕的小灯泡当作盛筵，慢慢地将其中的东西吸尽，再咬住干薄皮囊，久久地反复咀嚼，最后再全部吞咽下去。不到半天工夫，那乳白色的赘物消失了，连渣渣末末都被它美滋滋地吃光了。

这种难以想象的盛筵似乎是从外星球传入的，因为它与地球上的筵席习惯大相径庭。蝗虫科昆虫真是个奇特的物种，它们是陆地上最古老的动物中的一种，而且如同蜈蚣和头足纲昆虫一样，是古代习性沿用至今的一个代表。

（本篇选自《昆虫记》原著第六卷）

大孔雀蝶

导读

大孔雀蝶是欧洲最大的蝴蝶，外表十分美丽，而它的生命却十分短暂。有一天，一只雌性大孔雀蝶在法布尔的实验室里破茧而出，到了晚上，惊人的事情发生了——数十只雄性大孔雀蝶从四面八方赶来，在屋里飞来飞去。雌性大孔雀蝶是怎样指引它们来到这里的呢？

这是一个难忘的晚会。我将把它称作大孔雀蝶晚会。谁不认识这美丽的蝴蝶？它是欧洲最大的蝴蝶，穿着栗色天鹅绒外衣，系着白色皮毛领带。翅膀上满是灰白相间的斑点，一条淡白色之字形线条穿过其间，线条周边呈烟灰白，翅膀中央有一个圆形斑点，宛如一只黑色的大眼睛，瞳仁中闪烁着黑色、白色、栗色、鸡冠花红色等呈彩虹状的变幻莫测的色彩。

它的体色模糊、泛黄的毛虫也同样美丽好看。它那稀疏地环绕着一圈黑纤毛的体节末端，镶嵌着青绿色的珍珠。

它那粗壮的褐色茧形状极其奇特，口部状如渔民的捕鱼篓，通常紧贴在老巴旦杏树根部的树皮上。这种树的树叶是其毛虫的美味食物。

五月六日那天早上，一只雌性大孔雀蝶在我面前的实验室桌子上破茧而出。它因孵化时的潮湿而浑身湿漉漉的，我立即用金属网罩把它罩了起来。我也是灵机一动才这么做的，因为我还没有针对它的特殊安排。我只是凭着观察者的简单习惯，把它关了起来，时刻注意可能会出现的情况。

我很有运气。晚上九点钟光景，全家人都躺下睡觉了，我隔壁房间乱糟糟的一阵响动。小保尔没怎么穿衣服，来回走动，又蹦又跳，跺脚踢物，弄翻椅子，简直像疯了似的。只听见他在喊我，“快来呀，”他在大声喊叫，“快来看这些蝴蝶呀，像鸟儿一样大！房间里都飞满了！”

我赶忙奔过去。一看，怪不得孩子会那么兴奋，那么乱喊乱叫。那是从未发生过的擅闯民宅，是巨大的蝴蝶的入侵。有四只已经被抓住，关进了麻雀笼里。还有大量的都在天花板上飞来飞去。

见此情景，我立刻想起了早晨被我关起来的那只雌性大孔雀蝶来。“快穿上衣服，孩子，”我对儿子说，“把你的笼子放在那儿，跟我走。咱们去看看稀罕玩意儿。”

我们再往下走，来到住宅右翼我的实验室。在厨房里时，我碰见保姆，她也被眼前发生的事弄得惊愕（è）不已。她在用她的围裙驱赶一些大蝴蝶，一开始她还以为是蝙蝠呢。

看起来，大孔雀蝶已经差不多把我的住宅全都占据了。

这肯定是那只被囚的雌性大孔雀蝶引来的，它周围的那方天地会成什么样儿呀！幸好，实验室的两扇窗户有一扇是开着的，道路通畅。

我们手里拿着一支蜡烛，冲进了房间。我们第一眼所见简直是终生难忘。一群大蝴蝶轻拍着翅膀，围着钟形罩飞舞，落在罩子上，忽而又飞走，然后又飞回来，再飞向天花板，继而又飞下来。它们扑向蜡烛，翅膀一扇，蜡烛灭了。它们又扑向我们肩头，钩住我们的衣服，轻擦着我们的面孔。这屋子简直成了一个巫师招魂的秘窟，成群的“蝙蝠”在飞舞。为了壮胆，小保尔紧攥住我的手，比平时用力得多。

它们有多少只呢？将近二十只。再加上误入厨房、孩子们的卧室和其他房间的，总数将有四十只。我要说，这是一次难忘的晚会，一次大孔雀蝶的晚会。它们不知是如何得知消息的，从四面八方赶来。其实，那是四十来个情人，急不可耐地赶来向今晨在我实验室的神秘氛围中诞生的女子致意。

今天，我们就别再多打扰这一大群追求者了。蜡烛的火焰伤着了这群来访者，它们冒冒失失地向火扑去，烧着了点儿身子。明天我将用一份事先拟订的实验问卷再来进行这项研究。

现在，我们先来整理一下思路，来谈谈我观察的这一个星期里的所有情景中重复见到的情况。每次都发生在晚上八点到十点之间，蝴蝶们是一只一只飞来的。这是暴风雨的天气，天空乌云翻滚，一片漆黑，花园里，露天地，树丛内，伸手不见五指。

对于这些到访者来说，除了这漆黑之夜以外，住所也难以进入。房屋掩映在一些高大的梧桐树下；屋前像外前厅似的是一条两边长着厚厚的丁香和玫瑰树篱的甬道；屋前还有丛丛松树和杉柏帷幕在抵挡凛冽的西北风的侵袭。大门不远处还有一道小灌木丛形成的壁垒。大孔雀蝶要赶到朝圣地就必须在漆黑的夜晚穿越这杂乱的树枝屏障，左冲右突，迂回前进。

在这样的情况下，猫头鹰都不敢离开它那油橄榄树的巢穴贸然闯入。而大孔雀蝶装备精良，长着多面的小光学眼睛，比大眼睛的猫头鹰技高一筹，敢于毫不迟疑地勇往直前，并顺利通过，没有发生碰撞。它迂回曲折地飞行着，方向掌握得非常好，所以尽管越过了重重障碍，抵达时仍精神抖擞，大翅膀没有丝毫的擦伤。对于它来说，黑夜中的那点儿光亮已足够了。

即使认为大孔雀蝶具有某些普通视网膜所没有的特殊视觉，那这种异乎寻常的视觉也不会是通知在远处的大孔雀蝶飞来这里的东西。远隔着的距离和其间的遮挡物肯定使这种视觉起不了这么大的作用。

再说，除非有迷惑性的光的折射。这儿并不是这种情况，大孔雀蝶会直扑所见到的东西的，因为光线的指引是非常准确的。不过大孔雀蝶有时也会出错，但错的不是要走的大方向，而是引诱它前去的所发生事情的确切地点。我刚才说过，孩子们的卧室是此时此刻到访者们的真正目的地——我的实验室的对面，在我们秉烛闯入之前，已经被一群蝴蝶占据了。它们肯定是因情急搞错了。在厨房里也是一样，也有一群满腹狐疑的蝴蝶，因为厨房里有一盏灯，挺亮，对夜间活动的昆虫来说是一种无法抗拒的诱惑，所以它们可能因此而迷了路。

我们只考虑黑暗的地方吧。在这种地方迷失方向者也不在少数。我在它们要前往的目的地附近几乎到处都发现了一些。因此，当被囚雌性大孔雀蝶身陷我的实验室时，蝴蝶们并不是全都从那个直接而可靠的通道——开着的窗户飞进来的，那通道离钟形罩下的女囚只不过三四步远。有不少是从下面飞进来的，它们在前厅四处乱窜，顶多飞到了楼梯口，可那是一条死路，上面有一个门关着，进不去的。

这些情况说明，赶来求爱的大孔雀蝶们并没有像普通光辐射告诉它们之后它们所做的那样（这些光辐射是我们的身体能感觉到或不能感觉到的），直奔目标飞来。另有什么东西在远处告诉它们，把它们引到确切地点附近，然后让最终的发现物处于寻找和犹豫的模糊状态之中。我们通过听觉和味觉获得的信息差不多也是这种情况，当必须准确地弄清声音或气味的来处时，听觉或味觉却是很不准确的。

发情期的大孔雀蝶夜间朝圣时究竟是靠什么样的信息器官呢？人们怀疑是它们的触角。雄性大孔雀蝶的触角似乎确实是用它们那宽阔的羽状薄翼在探测。这些美丽的羽饰只是一些普通的服饰呢，还是也起着一种引导求爱者找寻气味的作用呢？似乎不难进行一个带结论性的实验。咱们不妨来试一试。

入侵发生的翌日，我在实验室里找到了头天夜袭的访客中的八位。它们在关着的那第二扇窗户的横档上盘踞着，一动不动。其他的在一番飞舞尽兴之后，于晚上十点钟光景从进来的那个通道，也就是日夜全都敞开着的那第一扇窗户飞走了。这八只坚忍不拔者正是我要做的实验所必需的。

我用小剪刀从根部剪掉大孔雀蝶的触角，但并未触及它们身体的其他部位。它们对这种手术并未有什么反应。谁都没有动，只不过稍稍抖动了一下翅膀。手术非常成功，伤口似乎不怎么严重。被剪去触角的大孔雀蝶没有疼得乱飞乱舞，这对我的实验计划是最好不过的了。一天结束了，它们一直静静地一动不动地待在窗户的横档上。

余下要做的还有另外几项事情。特别是当被剪去触角的大孔雀蝶在夜间活动时，应给女囚换个地方，不让它待在求爱者们的眼皮底下，以保证研究的成果。因此，我把钟形罩和女囚搬了家，把它放在地上，在住宅另一边的门廊下，离我的实验室有五十来米。

夜幕降临，我最后一次查看了一下我那八只动过手术者。有六只已经从敞开着的那扇窗户飞走了，还留下两只，但是已经摔在了地板上，我把它们翻过来，仰面朝天，它们都没有力气翻转身子了。它们已精疲力竭，奄奄一息。可别责怪我的手术不好。即使我不用剪刀剪去它们的触角，它们照样会衰老垂危的。

那六只大孔雀蝶精力充沛，已经飞走了。它们还会飞回来寻找昨天引它们飞来的诱饵吗？它们没有了触角，还能找得到现已移往别处、离原先的地点挺远的那只钟形罩吗？

钟形罩放在黑暗之中，几乎是在露天地里。我时不时地拿着一只提灯和一个网跑过去看看。来访者被我捉住，辨认，分类，并立即在我关上了门的相邻的一间屋子里放掉。这样做可以精确地计数，免得同一只蝴蝶被计算上好几次。另外，这临时的囚室宽敞空荡，绝不会损伤被捉住的蝴蝶，它们在囚室里会觉得很安静，而且有很大的空间。在我以后的研究中，我也将采取类似的安全措施。

十点半钟，再没有到访者了，实验结束了。捉住的一共是二十五只雄性，只有一只是失去触角的。昨天被动过手术的那六只大孔雀蝶，身强力壮，得以飞出我的实验室，回到野外，其中只有一只回来寻找那只钟形罩。如果必须肯定或者否定触角的导向作用，那我尚不敢信任这种收获不大的结果。让我们在更大的范围内再做一番实验吧。

第二天早上，我去查看头一天被捉住的俘虏们。我看到的情况并不令人鼓舞。有许多都落在地上，几乎没有了生气。我把它们用手指夹住时，有几只只是略微有点儿生命的气息。这些瘫痪了的囚徒还能有什么用处？咱们还是试一试吧。也许到了寻欢求爱的时刻，它们又会恢复生气的。

有二十四只新来的接受了截去触角的手术。先前被剪去触角的那一只被剔除了，因为它差不多已奄奄一息了。最后，在这一天剩余的时间里，监狱的大门是敞开的，谁想飞走就飞走，谁想去赴盛大晚会就去参加吧。为了让飞出去的接受实验，它们在门口必然会遇见的那只钟形罩又被挪了地方。我把它放置在一楼对面那一侧的一个套间里。当然，这个房间进出是自由的。

这二十四只被剪去触角者中，只有十六只飞到了外面。

有八只已精疲力竭，不久就会死在这儿。飞走的那十六只中，有多少只晚上会回来围着钟形罩飞舞呢？一只也没有。第二晚我只逮着七只，全都是新飞来的，也全都是羽饰完整的。这一结果似乎表明剪去触角是较为严重的事。不过，我们还是先别忙着下结论：还有一个疑点，而且是很重要的疑点。

“瞧我这副德行吧！我还敢在别的狗面前露面吗？”刚被别人无情地割掉两只耳朵的小狗莫弗拉说。我的蝴蝶们会不会有小狗莫弗拉同样的担忧？一旦失去美丽的装饰，它们就不敢再出现在其情敌们面前向雌性示爱了吗？这是它们的惶恐吗？是它们少了导向器的缘故吗？是不是因为久等而未能如愿，因为它们的狂热是短暂的？实验将解答我们的疑问。

第四天晚上，我捉到十四只蝴蝶，全都是新来者，我逐个地把它们关在一间房间里，它们将在里面过夜。第五天，我趁它们习惯于昼间歇息不动之机，把它们前胸的毛拔掉少许。拔去这么一点点毛对昆虫无伤大雅，因为这种丝质的下脚毛很容易长出来，所以是不会伤及它们在要回到钟形罩的时刻到来时所必需的器官的。对于这些被拔毛者这算不了什么，可对于我来说，这将是我识别谁来过、谁是新来者的重要标记。

这一次没有出现精疲力竭、无法飞舞者。入夜，十四只被拔毛者飞回野外去了。当然，钟形罩又挪了地方。两个小时里，我逮住二十只蝴蝶，其中只有两只是拔过毛的。至于前天晚上被剪去触角的大孔雀蝶，一只也没有出现。它们的婚期结束，彻底结束了。

在有拔过毛标记的十四只中，只有两只飞回来了。其他的十二只虽然有着所推测的导向器，有着它们的触角羽饰，但为什么没有回来呢？另外，在囚禁了一夜之后，为什么总是有那么多被证实为体力不支者呢？对此我只有一个回答：大孔雀蝶被强烈交尾的欲望迅速地耗得精疲力竭。

大孔雀蝶为了结婚这个它生命的唯一目的，具备了一种奇妙的天赋。它能飞过长距离，穿过黑暗，越过障碍，发现自己的意中人。两三个晚上的时间里，它用几个小时去寻觅，去调情。如果不能遂愿，一切全都完了：极其准确的罗盘失灵了，极其明亮的灯火熄灭了。那今后还活个什么劲儿呀！于是，它便缩到一个角落里，清心寡欲，长眠不醒，幻想破灭，苦难结束。

大孔雀蝶只是为了代代相传才作为蝴蝶生存的。它对进食为何事一无所知。如果说其他蝴蝶是快乐的美食家，在花丛间飞来飞去，展开其吻管的螺旋形器官，插入甜蜜的花冠的话，那大孔雀蝶可是个没人可比的禁食者，完全不受其胃的驱使，无须进食即可恢复体力。它的口腔器官徒具形式，是无用的装饰，而非货真价实、能够运转的工具。它的胃里从未进过一口食物：如果它不是活不长的话，这可是个绝妙的优点。灯若想不灭就必须给它添油。大孔雀蝶则拒绝添油，不过它也就因此而活不长。只两三个晚上，那正是配对交欢最起码的必需时间，这就是一切，大孔雀蝶也就寿终正寝了。

那么失去触角的大孔雀蝶一去不复返又是怎么回事呢？它们是否在证明没有了触角它们就无法再找到那只女囚在等候它们的钟形罩呢？绝对不是。如同被拔掉毛身体受损但安然无恙（原指人平安没有疾病，后泛指平平安安、没有受到任何损伤。恙，yàng）的昆虫一样，它们也是在宣告自己的寿命已经终结了。它们无论是被截肢还是身体完整，现在皆因年岁大而派不上用场了，它们的存在与不存在已无意义。由于实验所必需的时间不够，我们未能了解到触角的作用。这种作用先前让人摸不着头脑，今后仍旧是一个疑团。

我囚禁在钟形罩下的那只雌性大孔雀蝶存活了八天。它根据我的意愿，每晚在居住处的一隅或另一处，为我引来数目不等的一群造访者。我用网随到随捕，然后立即把它们关进封闭的房间，让它们过夜。第二天，它们起码要在喉部剪掉些毛，以做标记。

来访者的总数在这八天当中高达一百五十只，考虑到今后两年为了继续这项研究必需的资料，我所要费劲乏力地去寻找这种活物的话，这个数目可真让人瞠目结舌。大孔雀蝶的茧在我住所附近虽说并非找不到，但至少是十分罕见，因为其毛虫的栖息地老巴旦杏树并不太多。那两年的冬天，我对这些衰老的树全都一一检查过，翻查它们那藏于一堆杂乱的木本植物中的树根，可我有多少次都是无功而返，空手而回呀！因此，我的那一百五十只大孔雀蝶是从远处，从很远的地方，也许是从方圆两千米以外或更远的地方飞来的。它们是如何获知我实验室里的情况而纷纷前来的呢？

有三个信息因子是易感性的决定条件：光线、声音和气味。大孔雀蝶从敞开的窗户飞进来之后，视觉在指引着它，但仅此而已。而在进来之前，在外面那未知的环境中则不然！说大孔雀蝶具有猞猁那种穿墙视物的视觉是不足以说明问题的，还必须解释为什么它有一种敏锐的视觉，能够神奇地看见几千米之外的东西。这个问题太大太难，咱们别去讨论了。

声音同样与此无关。胖胖的雌性大孔雀蝶虽能够从很远的地方招引来情人，但它是静默无语的，连最敏锐的耳朵也听不见它的声音。说它春心萌动，激情颤抖，也许可以用高倍显微镜观察得到，严格地说，这是可能的。但是，我们不要忘了，到访者应该是在很远的距离之外，在数千米之外获得信息的。在这种情况下，我们就别去考虑声学的因素了，否则的话，就无宁静可言，周围一定是乱哄哄一片。

剩下的就是气味了。在感官范畴内，气味的散发比其他东西可以说更能解释为什么蝴蝶们会稍作迟疑之后便纷纷前来追逐吸引它们的那个诱饵。是否确实有这么一种类似于我们称为气味的散发物呢？这种散发又是极其难以发觉的，是我们所感觉不到可又能让比我们的嗅觉更敏锐的嗅觉感觉出来的。得做一个实验，这实验极其简单，就是把这些散发物掩藏起来，用气味更大更浓烈而经久的一种气味压住它们，成为主导气味，这样一来，微弱的气味就几乎不存在了。

我事先在晚上雄性大孔雀蝶将被招来的那个屋子里撒了点樟脑。另外，在钟形罩下，在雌性大孔雀蝶旁边我也放了一只装满樟脑的宽大圆底器皿。大孔雀蝶来访的时刻来到时，只需待在房间门口就能闻到这股子樟脑味儿。我的巧计未能奏效。大孔雀蝶们像平时一样，如约而至；它们闯入房间，穿越那股浓烈的气味，像在没有气味的环境中一样，方向准确地向钟形罩飞去。

我对嗅觉能否起作用已产生了疑惑。再说，我现在也无法继续实验了。第九天，我的女囚因久等无果已精疲力竭，把未能孵出幼虫的卵下在钟形罩的金属纱网上之后死去了。没了雌性大孔雀蝶，也就无事可做，只好等到明年再说。

这一次，我将采取一些预防措施，储备了充足的必需品，以便如我所愿地重复我已经做过的和我考虑要做的实验。说干就干，不必拖延了。

夏日里，我以每只一个苏的价格买了一些大孔雀蝶毛虫。我的几个邻居小孩——我日常的供货者们对这种交易十分起劲儿。每个星期四，他们在摆脱那令人生厌的动词变位（这是动词词尾的曲折变化，用来表达不同的时态、语态。法语中有一套复杂严谨的动词变位）的学习之后，便跑到田间地头，不时地会找到一条大毛虫，用小棍子尖端挑着给我送来。这帮可怜的小鬼不敢碰毛虫，当我像他们抓熟悉的蚕时那样用手指捉住毛虫时，他们都吓呆了。

我用老巴旦杏树枝喂养我昆虫园中的大孔雀蝶毛虫，不几天便有了一些优等的茧。到了冬天，我在老巴旦杏树根部一丝不苟地寻找，获得不少的成果，补足了我的收集物。一些对我的研究感兴趣的朋友跑来帮我。最后，通过精心喂养，四处搜寻，求人代捉，虽身上被荆条划得伤痕累累，但有了不少的茧，其中有十二只较大较重的是雌性的。

失望一直在等待着我。五月来临，这是个气候变化无常的月份，把我的心血化为乌有，使我痛心疾首，愁苦不堪。说话间又到了冬季。寒风凛冽，吹掉了梧桐树的新叶，落满一地。这是天寒地冻的腊月，晚上必须生上旺火，穿上已经脱去的厚厚的冬衣。

我的大孔雀蝶也饱受煎熬。卵孵化得晚了，孵出来一些迟钝呆滞的家伙。在一只只钟形罩里，雌性大孔雀蝶根据出生先后，今天一只明天一只地住了进去，可是很少或者压根儿就没有外面飞过来探望的雄性大孔雀蝶。在附近倒是有一些，因为我收集的长着漂亮羽饰的实验用雄性大孔雀蝶，一旦孵化出来，辨认清楚之后便会立即关进园子里。它们不管是离得远的还是就在附近的，都很少飞过来，而且即使来了也无精打采的。

也许低温也对提供信息的气味散发物有很大的影响，而炎热则可能有利于气味的散发。我这一年的心血算是白费了。唉！这种实验真难呀，它受到季节变换的快慢和反复无常的制约！

我又开始进行第三次实验。我喂养毛虫，到田野里去寻找虫茧。到了五月份，我已经收集了不少。季节很好，符合我的要求。我又见到了一开始导致我进行这种研究的那次令人振奋的大孔雀蝶入侵的盛况。

每天晚上都有大孔雀蝶飞来，有时十一二只，有时二十多只。雌性大孔雀蝶肚腹鼓鼓的，紧贴在钟形罩的金属网上。它毫无反应，甚至连翅膀都没颤动一下。它好像对周围所发生的事情无动于衷。我家人中嗅觉最灵敏的也没有嗅出什么气味来；我家亲朋中被拉来做证的听觉最敏锐的也没听见任何响动。那只雌性大孔雀蝶一动不动地、屏息凝神地在等待着。

雄性大孔雀蝶三三两两地扑到钟形罩圆顶上，绕着飞来飞去，不停地用翅尖拍打着圆顶。它们之间没有因争风吃醋而发生打斗。每只雄性大孔雀蝶都在尽力地想闯入钟形罩，看不出对其他的献殷勤者有任何的嫉妒。徒劳地尝试一番之后，它们厌倦了，飞走了，混入正在飞舞着的蝶群中去。有几只绝望者从那扇敞开的窗户飞走了，一些新来者替代了它们；而在钟形罩的圆顶上，直到十点钟左右，不断地有蝴蝶尝试闯入，随即失望而去，随即又有新来者代替之。

钟形罩每天晚上都要挪挪地方。我把它放在北边或南边，放在楼下或二楼，放在住所右翼或左翼五十米开外，放在露天地里或一间僻静小屋的暗处。这一番神不知鬼不觉地突然搬来搬去，如果不知情者想找可能都找不着，但是一点儿也没骗过蝴蝶们。我的时间与心思全白费了，没有迷惑住它们。

这里并不是对地点的记忆在起作用。譬如头一天晚上，那只雌性大孔雀蝶被放置在住所的某间房间里。羽饰美丽的雄性大孔雀蝶飞到那儿舞了两个小时，甚至还有一些在那儿过了一夜。第二天，日落时分，当我转移钟形罩时，雄性大孔雀蝶都在外边。尽管寿命转瞬即逝，但新来者仍有能力进行第二次、第三次的夜间远征。这些只能存活一日的家伙首先将飞往何处？

它们了解昨夜幽会的确切地点。我还以为它们将凭着记忆回到那儿去；而在那儿发现人去楼空时，它们将飞往别处继续追寻。但并不是这么回事：与我的期盼恰恰相反，根本就不是这样的。它们谁也没有再出现在昨晚一再光顾的地方，谁都没在那儿做过短暂逗留。此地已看出是没有人烟了，记忆似乎并没有事先向它们提供任何情报。一个比记忆更加可靠的向导把它们召唤去了另外的地方。

在此之前，雌性大孔雀蝶一直公开地待在金属网眼上。那些到访者在漆黑的夜晚目光仍是敏锐的，它们凭借那对我们而言简直如同漆黑一片的一点儿微光是能够看见那只雌性大孔雀蝶的。如果我把雌性大孔雀蝶关进不透明的玻璃罩中，那会出现什么情况呢？这种不透明的玻璃罩难道就不能让提供信息的气味自由散发或完全阻止它散发吗？

今天，物理学使我们能够发明利用电磁波的无线电报了。大孔雀蝶在这个方面是不是可能超越了我们？为了激跃周围的雄性大孔雀蝶，通知几千米以外的求爱者，刚刚孵化出来的适婚雌性大孔雀蝶难道已拥有已知的或未知的电波和磁波吗？这种电波、磁波难道会被某种屏障隔断而被另一种屏障放行吗？总而言之，它是不是会按照自己的方法利用某种无线电呢？我觉得这并没有什么不可能的。昆虫是这种高级发明的强者。

于是，我把雌性大孔雀蝶放在不同材质的盒子里。有白铁的、木质的、硬纸壳的。全都关得严严实实，甚至还用油性胶泥给封上了。我还用了一只玻璃钟形罩，摆放在一小块玻璃的绝缘柱上。

在这种严密封闭的条件下，没有飞来一只雄性大孔雀蝶，一只也没有，尽管晚上既凉爽又安静，环境宜人。无论是什么材质的——金属的、玻璃的、木质的，还是硬纸壳的密封盒，都使传递信息的气味物无法散发出去。

一层两横指厚的棉花也产生同样的效果。我把雌性大孔雀蝶放进一只很大的短颈大口瓶里，用棉花盖上瓶口，扎紧。这足以使周围的雄性大孔雀蝶无法知晓我实验室的秘密了。一只雄性大孔雀蝶都没有露面。

反之，我们不把盒子密封，让它微微开着点儿，再把这些盒子放进一只抽屉里，装进大衣橱中，但尽管这么藏了又藏，雄性大孔雀蝶仍然蜂拥而来，多得就像明显地把钟形罩放在一张桌子上时一样。女囚被放在帽盒里，裹进一只关好的壁橱等待着的那个晚上的情景至今仍历历在目。雄性大孔雀蝶们扑向壁橱门，用翅膀扑打着，啪啪连声，想闯进去。这些过路的朝圣者，也不知从何处飞进田野来到此处，它们非常清楚门后面藏着什么。

因此，任何类似无线电报的通信手段都无法接受，因为一道屏障无论是好导体还是坏导体，一经出现便立即阻断了雌性大孔雀蝶的信号。为了让信号畅通无阻，传得很远，必须具备一个条件：囚禁雌性大孔雀蝶的囚室不能关得严丝合缝，密不透风，要让内外空气相通。这又使我们回到了存在一种气味的可能性上，但那是经我用樟脑所做的实验给否定了的。

我的大孔雀蝶的茧业已告罄，但问题仍然没有弄个一清二楚。我第四年还要继续搞下去吗？我放弃了，原因如下：如果我想跟踪观察一只大孔雀蝶夜间婚礼中的亲昵举动，那是颇为困难的。献殷勤的雄性为达到目的肯定是无须亮光的，但我那微弱的视力，在夜间无亮光是看不见什么的。我起码得点上一支蜡烛，但又常常被飞舞的群蝶给扇灭了。提灯倒是可以免此烦恼，但是它光线昏暗，又会出现阴影，根本无法让你看得清清楚楚。

还不光是这一点。灯的亮光还会把蝴蝶从它们的目标引开，使之无法成其美事，而且照得太久，还会严重影响整个晚会的成功。来访者一飞进屋内，便疯狂地扑向火光，烧坏身上的绒毛，而且，从今以后因为被烧伤而惊慌失措，就无法用来取证了。如果它们没有被烧着，被隔在玻璃罩外面，落在火光旁边，便会像是被施了魔法似的，不再动弹。

一天晚上，雌性大孔雀蝶被放置在餐厅的一张桌子上，正对着敞开着的窗户。一盏煤油灯点着，灯上装有一个搪瓷（tángcí，用石英、长石、硝石、碳酸钠等烧制成的像釉子的物质。涂在金属坯胎上，能烧制成不同颜色的图案，并可防锈、耐腐蚀）的宽大灯罩，吊挂在天花板上。一些来访者落在钟形罩的圆顶上，在女囚面前急不可耐的样子，另外的一些来访者，飞过女囚囚室时略微致意一番，便向煤油灯飞去，盘旋片刻之后，被搪瓷灯罩的反射光照得迷迷糊糊的，便贴在灯罩下面一动不动了。孩子们已经伸手要去捉它们了。“别动，”我说，“别动。别惊扰它们，别搅扰这些前来光明圣体龛（俗称圣体柜，是天主教教堂中不可或缺的一部分，供奉至圣圣体是教会古老的传统。龛，kān）朝圣的客人。”

整个晚上，它们全都没有动弹过。第二天，它们仍留在原地。对亮光的迷恋使它们忘掉对爱情的陶醉。

面对这样的一些迷恋亮光的家伙，精确而长久的实验是无法进行的，因为观察者需要照明。我放弃了对大孔雀蝶及其夜间婚礼的观察。我需要一只习性不同的蝴蝶，它得像大孔雀蝶一样勇敢地奔赴婚礼幽会，但又能在白天行房。

在用一只满足上述条件的蝴蝶进行研究之前，暂时先别顾及时间的先后次序，说几句我结束研究之前飞来的最后一只蝴蝶的事。那是一只小孔雀蝶。

别人不知从哪儿给我弄来一只很棒的茧，裹着一个宽大的白色丝套。从这个不规则的大褶皱的丝套中，很容易抽出一只外形似大孔雀蝶茧但体积要小一些的茧来。丝套端口用松散但又聚集的细枝结成网状，可出而不可进，我一眼便可看出那是一只夜间活动的大孔雀蝶的同类。丝套上有编织者的名号。

果然，三月末，圣枝主日（指复活节前的星期日）那一天的清晨，那只茧孵出一只雌性小孔雀蝶，我立刻把它关进实验室的钟形金属网里。我打开房间的窗户，好让这件大事传布到田野中去，而且必须让可能前来的探访者自由进入房间。被囚的这只雌性小孔雀蝶贴在金属网纱上，一个星期都没再动一动。

我的小孔雀蝶女囚美丽极了，一身呈波纹状的褐色天鹅绒华服，上部翅膀尖端有胭脂红斑点，四只大眼睛，宛如同心月牙，黑色、白色、红色和赭（zhě，红褐色）石色混在一起。如果不是色泽那么暗的话，几乎就是大孔雀蝶的装饰。这种体形和服饰如此华美的蝴蝶，我一生中见到过三四次。我昨天见了茧，但从未见到过雄性蝶。我只是从书本上知道雄性比雌性要小一半，体色更加鲜艳，更加花枝招展，下部翅膀呈橘黄色。

我还不了解的陌生贵客——羽饰漂亮的雄蝶，它会飞来吗？在我们周围这一片似乎很少见到它。在它那遥远的藩篱墙中，它能得知那只适婚雌蝶正在我实验室的桌子上等待着它吗？我敢保证它会前来的，而且我错不了的。瞧，它来了，甚至比我预料的还早到了。

晌午时分，我们正要吃午饭，因心悬可能会出现的情况尚未来用餐的小保尔，突然跑到饭桌前，面颊红彤彤的。只见一只漂亮的蝴蝶在他的指间扑扇着翅膀，它正在我实验室对面飞舞时，被小保尔一下子捉住了。小保尔递过来给我看，以目光询问我。

“哇！”我说，“正是我们等待着的朝圣者呀。先别吃了，赶快去看看是怎么回事。回头再吃吧。”

因奇迹的出现，午饭都给忘了。雄性小孔雀蝶令人难以置信地按时被女囚给神奇地召唤来了。它们艰难曲折地飞翔，终于一只接一只地飞来了，它们都是从北边飞过来的。这个情况很有价值。的确，乍暖还寒已经一个星期了。北风呼啸，吹落了老巴旦杏树新绽开的花蕾。这是一场凶猛的风暴，通常在我们这里是预示着春天不远了。今天，气候突然转暖，但北风依然呼啸着。

在这段时间陡变的天气中，飞来找那只雌性小孔雀蝶的所有雄小孔雀蝶全都是从北边飞到我的拘蝶园中的，它们是顺着气流飞来的，没有一只是逆流而来的。如果它们有与我们相似的嗅觉作为罗盘，如果它们是受分解于空气中的有味道的微粒指引的，那它们就应该是从相反的方向飞来才对。如果它们是从南边飞来的，我们就会认为它们是闻到风吹来的气味才找到地方的；在北风呼啸，空气吹净，什么味道也闻不到的天气里，从北边飞来，怎么可能假定它们在很远的地方就嗅到了我们所说的气味呢？我觉得有气味的分子不可能会顶着强风传给它们。

两个小时中，在阳光灿烂之下，来访的雄性小孔雀蝶们在我的实验室门前飞来飞去。其中大部分都在一个劲儿地寻来觅去，或撞墙欲入，或掠地而过。见它们如此犹豫不决，我想它们是因找不到引它们飞来的那个诱饵的确切位置而十分着急。它们从老远飞来，没有弄错方向，可到了地方却又拿不准确切地点了。不过，它们迟早会飞进屋内去向女囚致意的，但也不会恋战。下午两点钟时，一切便结束了。一共飞来了十只雄性小孔雀蝶。

整整一个星期，每当中午时分，阳光极其明亮时，一些雄性小孔雀蝶便会飞来，但数量在减少。前后加起来一共将近有四十只。我觉得无须重复实验了，因为不会给我已知的情况再添加点儿资料了，所以我只是在注意两个情况。首先，小孔雀蝶是昼间活动的，也就是说它们是在光天化日之下举行婚礼的。它们需要充足明亮的阳光。而与它成虫的形态和毛虫的技艺相近的大孔雀蝶则完全相反，需要日暮天黑之后。这种相反的习性谁有本事解释清楚谁就去解释吧。

其次，一股强气流从相反方向吹散能够给嗅觉提供信息的分子，但不会像我们的物理学所假设的那样，阻止小孔雀蝶飞抵有气味的气流的相反的一面。

为了继续研究，我们需要的是夜间举行婚礼的大孔雀蝶，而不是小孔雀蝶。后者出现得太晚了，而我并没有在研究它。我需要的是大孔雀蝶，不管是什么样的，只要它在婚庆时行房敏捷能干即可。这种大孔雀蝶，我能获得吗？

（本篇选自《昆虫记》原著第七卷）

成长启示

在研究大孔雀蝶时，法布尔无法确定雌性大孔雀蝶吸引雄性大孔雀蝶的确切方式，也没有成功观察到大孔雀蝶的夜间婚礼，这说明在法布尔的研究过程中，有时也不得不面对一些挫败，即使如此，他也永不停下探索的脚步。同样，我们在生活中也会遇到付出了努力但得不到收获的时候，即使如此也不必灰心，因为在探索的过程中也会发现乐趣，而失败也会帮助我们调整方向，找到关键的突破口。

要点思考

1. 对于雌性大孔雀蝶使用什么方式吸引雄性大孔雀蝶这一问题，法布尔提出了哪些猜想?

2. 法布尔为什么放弃了跟踪观察大孔雀蝶夜间婚礼中的亲昵举动?

小阔条纹蝶

导读

如果你还记得前面有关大孔雀蝶的那些记录，你一定会为法布尔的劳而无获而叹息。小阔条纹蝶与大孔雀蝶的情况很相似，雌性小阔条纹蝶同样能吸引大批的雄性小阔条纹蝶到来，幸运的是，这次法布尔终于发现了它们之间信号传递的秘密。

是的，我将能得到它；我甚至已经得到它了。一个七岁的男童，脸上透着灵气，但并不每天洗脸，他光着脚，短裤破烂，用一条带子系着，他每天都给我家送萝卜和西红柿。一天早晨，他提着蔬菜篮子来了，收下了我给的蔬菜钱，放在手心里，一枚一枚地数着那几枚他母亲期盼的苏，然后便从口袋里掏出了一件东西，是他头天沿着一个藩篱捡拾兔草时发现的。

“还有这个，”他把那东西递给我说，“这个您要不？”“要呀，我当然要。你想法再给我找一些，你找到多少我要多少，而且我答应你每个星期天带你去玩旋转木马。喏，我的朋友，这是两个苏，给你的。把这两个苏单放，别同萝卜钱混在一起，免得向你妈报账时报不清楚。”我的这位头发乱蓬蓬的小家伙看到这么多钱简直开心极了，隐约感到自己要发大财了。

他走了之后，我仔细地观察着那个东西。这东西值得花气力去寻找。那是一个漂亮的茧，呈圆盾形，使人很容易联想到蚕房里的蚕茧，它很坚硬，呈浅黄褐色。从书本上的一些简单介绍来看，我几乎肯定这是一只橡树蛾的茧。如果真的是的话，那真是老天所赐！我就可以继续我的研究，也许还可能让我补足大孔雀蝶让我隐约瞥见的材料。

橡树蛾确实是一种传统的蝶蛾，没有一本昆虫学论著不谈及它在婚恋期间的突出表现的。据说有一只雌性橡树蛾被困在一个房间里，甚至还刚刚在一只盒子底部孵卵。它远离乡野，困于一座大城市的喧闹之中。但是，孵卵之事还是传给了树林里和草坪间的相关者。雄性橡树蛾们在一个不可思议的指南针的引导之下，从遥远的田野间飞来，飞到盒子跟前，谛听，盘旋，再盘旋。

这些奇情趣事，我是从书本中了解到的，但是看到，亲眼看到，同时还再稍做一番实验，那完全是另一回事。我花了两个苏买的那东西里面有什么呢？会从中飞出来那个著名的橡树蛾吗？

它还有另一个名字：布带小修士。这个新颖别致的名字是由其雄性的外衣导致的，那是一件棕红色修士长袍，但它不是棕色粗呢，而是柔软的天鹅绒，前面的翅膀横有一条泛白的、长有像眼珠似的小白点。

这里所说的布带小修士，也就是小阔条纹蝶，不是那种在合适的时候，我们心血来潮，带上个网子出去一捉就能捉到的平淡无奇的蝴蝶。在我们村子周围，特别是在我的荒石园中，我住了二十来年还从来没有见到过它。确实，我不是狩猎迷，标本上的死昆虫我并不太感兴趣，我要的是活物，要能表现其天赋才能的。不过，我虽无收集者的那种热情，但我对田野里生机盎然的一切都十分关注。一只身材和服饰如此与众不同的蝴蝶要是被我遇上我肯定会捉住它的。

我许诺带他去骑旋转木马的那个小家伙再也没能捉到第二只。三年里，我拜托朋友和邻居帮我找，特别是求那些年轻人，他们是荆棘丛林中眼明手快的搜索者。我自己也在枯叶堆中翻来找去，查看一堆堆的石块，掏摸一个个的树洞。但都一无所获，稀罕的蝶茧仍未能找到。这足以说明在我住处周围小阔条纹蝶十分罕见。到时候我们将会看到这一点是多么重要。

我猜测的没错，我的那只唯一的茧正是那种著名的蝴蝶。八月二十日，一只雌蝶从茧中出来，胖嘟嘟的，肚子大大的，衣着与雄蝶一样，但是其长袍是米黄色，更加淡雅。我把它放在我工作室中间的一张大桌子上，用金属钟形网罩罩住。大桌子上放满了书籍、短颈大口瓶、陶罐、盒子、试管以及一些其他器械。大家知道这个环境，就是我为大孔雀蝶准备的那个处所。有两扇窗户朝向花园，阳光照进屋里。一扇窗户是关着的，另一扇则白天黑夜全都敞开着。小阔条纹蝶就待在这两扇窗户中间那四五米间隔之处的半明半暗之中。

当天余下的时间以及第二天过去了，没有什么值得一提的事情发生。小阔条纹蝶用前爪抓住金属网纱，吊挂在朝阳的那一边，一动不动，像死了似的，翅膀未见颤动，触角也没有抖动，如同大孔雀蝶的情况一样。

雌性小阔条纹蝶发育成熟了，细皮嫩肉在变结实。它运用一种我们的科学尚毫无意念的方法在制作一种无法抗御的诱饵，把一些拜访者从四面八方吸引过来。它那胖嘟嘟的身体里出现什么状况了？里面发生了什么变化把周围闹得个天翻地覆？如果我们能了解它那炼丹术的秘诀，那我们将会增加很多的知识。

第三天，新娘子已经准备好了，周围像过节似的热闹起来了。我当时正在花园里，因为事情拖得太久，对成功已经感到绝望，突然，下午三点钟光景，天气很热，阳光灿烂，我隐约看见一群蝴蝶在开着的那扇窗框间飞来飞去。

它们是一些来向美人儿献媚取宠的情郎。有一些从房间里飞出去，另一些则飞进去，还有一些落在墙上休息，好像因长途跋涉而疲惫不堪了。我隐约看见一些从远处飞来，飞进高墙，飞过高高的柏树冠。它们从四面八方飞来，但数量越来越少。我未能看到婚庆开始的情况，现在客人们差不多已到齐了。

我们上楼去看看吧。这一次是在大白天，任何细节都没漏掉，我又见到了头一回那只夜巡大孔雀蝶让我见到的令人惊讶不已的情景。在我的工作室里，一大片的雄性小阔条纹蝶在翻飞，转来绕去，我尽量地以目测估算，大概有六十只。在围着钟形罩绕了几圈之后，有一些便向敞开的窗户飞去，但随即又飞了回来，又开始围着钟形罩转悠开来。最猴急的则停在钟形罩上，用爪子相互抓挠、推搡（推来推去。搡，sǎng），竞相取代别人抢占最佳位置。钟形罩里面的女囚大肚子垂着贴在网纱上，不动声色地等待着，在这群纷乱的雄蝶面前，没有一丝激动的表情。

雄性小阔条纹蝶无论是飞走的还是飞来的，无论是坚守在钟形罩上的还是在室内飞舞的，在三个多小时的过程中，一直在疯狂地舞动着。但是日已西下，气温有点儿下降，雄蝶们的激情也随着降温。有许多飞走了，没再飞回来。另外一些占好位置以利明日再战，它们紧贴在那扇关着的窗户的窗棂上，如同雄性大孔雀蝶一样。今天的节庆活动到此结束。明天肯定还将继续，因为受网纱阻隔，活动尚未有任何结果。

可是不然！令我大为沮丧的是活动并未再继续，这都是我的错。晚上，有人给我送来一只螳螂，个头儿特别小，所以我非常喜欢。由于老是想着下午的种种情况，我便不经意地匆忙把它这个食肉昆虫放进了那只雌性小阔条纹蝶的钟形罩里。我压根儿就没想到这两种昆虫共居一室是会产生恶果的。那只螳螂一副小样儿，而那只雌性小阔条纹蝶却是那么胖嘟嘟的！所以我一点儿也没起疑心。

唉！我对带铁钳的食肉昆虫的凶残性认识太差！第二天，我惊呆了，痛苦地发现那只小螳螂正在啃咬那只胖蝴蝶。后者的脑袋和前胸已经没有了。可怕的昆虫！你让我度过了多么惨痛的时刻啊！再见了，我整夜冥思苦想的研究工作。三年中，我因无研究对象而无法继续我的研究。

但愿这倒霉事别让我们忘掉刚了解到的那一点点情况。仅一次聚会，就有将近六十只雄性小阔条纹蝶飞来。如果我们考虑到这种蝴蝶的稀少，如果我们记起我和我的助手们那整整数年连续无果的研究，那这个数目将会让我们惊讶不已的。找不到的那种蝴蝶在一只雌蝶的引诱下，一下子来了这么多。

那么它们是从哪里飞来的呢？毫无疑问，是从老远的地方，是从四面八方。很久以来我一直在我住处附近寻来找去，一丛丛荆棘，一堆堆石块，我都翻了个遍，所以我可以肯定我们周围没有橡树蛾。为了在我的工作室里聚集一大群这种蝶蛾，我曾这儿那儿地寻遍郊外各地，也不知找了多少地方。

三年过去了，我日思夜想的运气终于给我送来两只小阔条纹蝶茧。八月中旬前后，这两只茧相隔几天为我孵出了雌蝶来，这使我得以重复并丰富我的实验。

我很快便又重新进行大孔雀蝶已经给了我非常肯定的答复的种种实验。白昼的朝圣者也很灵巧，并不比夜间朝圣者差。它挫败了我所有的计谋。它准确地飞向被金属网罩罩着的那个女囚，无论网罩置放在什么地方。它能够在壁橱暗处发现女囚，它能够在一只盒子的最里面找到女囚，只要这只盒子不要盖得太严。如果盒子关得严丝合缝，它得不到信息，它也就不再来了。在此之前，它一再重复的是大孔雀蝶的英勇行为，别无其他。

一只盖得严严实实的盒子，空气无法流通，雄性小阔条纹蝶也就完全无法知晓女囚的情况。即使把这盒子放在窗户上的十分显眼的地方，也没有一只雄性飞来。因此，这又立即使我想起了无论是金属的、木质的、硬纸板的还是玻璃质的隔墙，都传导不了有气味的散发物。

我对夜巡大孔雀蝶就此做过实验，它没被樟脑味蒙骗，在我看来，樟脑气味大极了，人的嗅觉就感觉不到被它压住的细微气味了。我用小阔条纹蝶重新进行了这种实验。这一回我把我所存有的汽油和有气味物统统都给用上了。

一打的碟子放好了，一部分放在囚禁雌性小阔条纹蝶的金属钟形网罩里，另一部分放在网罩四周，围成一圈。有几只装着樟脑，有几只装着宽叶薰衣草香精，有几只装着汽油，还有几只装着臭鸡蛋味的碱硫化物。不能再多放什么了，否则女囚会窒息身亡的。这些小碟子早晨便放好了，以便聚会开始时屋子里弥漫着这种种气味。

下午，工作室变成了恶心的配药室，一股浓烈的薰衣草香气加上碱硫化物恶臭的混合气味。而且别忘了我还在这间屋子里大量地熏烟。煤气厂、烟馆、香料厂、炼油厂、臭气熏天的化工厂全都集中在这间屋子里了，这样能否使小阔条纹蝶迷失方向呢？

根本就没有。三点钟光景，雄性小阔条纹蝶像通常一样纷纷飞来。它们都往钟形罩那儿飞，其实我事先已经用一块厚布把罩蒙上了，以便增大难度。它们一飞进屋内，便被一种混杂着各种气味的浓烈氛围包围住了，但它们仍旧是朝着女囚的囚室飞去，想从厚布的褶皱下面钻进去与女囚相会。我的计谋未能奏效。

这次实验完全失败了，重复了大孔雀蝶实验的结果。这次失败之后，我理所当然地要放弃是有气味的散发物在指引小阔条纹蝶参加婚庆的观点。我之所以没有放弃，应该归功于一次偶然的观察。意外和偶然有时会给我们带来惊喜，把我们引向此前一直在毫无结果地寻觅真理的道路。

一天下午，我想弄清楚蝴蝶一旦飞进屋里，视觉在寻找目的物中是否还起点儿作用，便把那只雌性小阔条纹蝶放在一只钟形玻璃罩中，还给它弄点儿带枯叶的橡树小枝让它停靠。玻璃罩就放在桌子中间，冲着敞开的那扇窗户。雄蝶飞进屋里一定会看得见女囚的，因为后者就在它们必经之路上。雌蝶在其上待了一夜和一个早上的那个金属纱网钟形罩下放了一层沙土的陶罐，我觉得很碍事，未加任何考虑地便把它放到屋子另一头的地板上，那个角落只能透进半明半暗的光线，离窗户有十来步远。

接下来发生的事把我的思绪搅成一团。飞进来的到访者中没有一只在玻璃罩那儿停下来，而玻璃罩就在明亮的阳光下面，女囚显眼地居于其中。它们全都没朝雌蝶看一眼，没有探寻一下。它们全都飞向房间另一头我放着陶罐钟形罩的那个暗黑的角落。

它们落在金属纱网罩圆顶上，久久地在探寻，扑扇着翅膀，还稍稍在相互争斗。整个下午，直到日影西斜，它们都围着空空的圆顶飞舞，以为雌蝶就身陷其中。最后，它们飞走了，但没有全飞走。有几个执着者不想走，死死地钉在那儿，像是被施了定身法似的。

这真是个奇怪的结果：我的这些蝴蝶飞到那人去楼空之地，长留不去，尽管眼见罩中无人仍死不甘心。从雌蝶所在的那只玻璃钟形罩旁飞过时，来来去去的这群雄蝶中不可能一个也没看出有雌蝶的，但它们就是没有在此哪怕稍事停留。它们被一个诱饵给弄得神魂颠倒，竟置真实物于不顾了。

它们是被何物所欺骗的呢？第一天整个夜晚和第二天的整个上午，雌蝶都是待在金属纱网钟形罩里的，它忽而吊在纱网上，忽而在陶罐的沙土层上歇息。它碰过的东西，特别是它那大肚子蹭过的东西，长时间接触之后，浸透了一些散发物的气味。那就是它的诱饵，就是它的激跃情欲的药物，那就是引得雄蝶神魂颠倒、纷至沓来的尤物。沙土层把这尤物保存一段时间，并向四周扩散出去。

因此，是嗅觉在引导雄蝶们，在远处向它们发出信息。它们为嗅觉所控制，不去考虑视觉所提供的信息，所以途经美人儿正被关押的玻璃囚室时，一飞而过，直奔散发神奇气味的纱网、沙土层，直奔女魔法师除了气味之外什么也没留下的那座空房。

那无法抗拒的尤物需要一定的时间才能配制好。我想它像一种挥发性气体，一点点地散发出去，被一动不动的大肚雌蝶沾过的东西便浸满了这种气体。即使玻璃钟形罩放在桌子正中间，或者更好一些，放在一块玻璃上，内外都无法很好地沟通，而且，雄蝶因为凭嗅觉什么也感觉不到，它们就不会前来，无论你实验多久都无济于事。可我眼下不能以这种内外无法沟通作为理由，因为即使我搞出一个好的沟通环境，用三个小垫子把钟形罩抬离支座，雄蝶们也不会一下子飞来，尽管屋子里蝴蝶为数不少。但是，等上半个小时左右，盛有雌蝶尤物的蒸馏器就开始启动了，求欢者们立即就会像通常那样纷纷而来。

掌握了这些出乎意料的驱云拨雾的材料，我就可以进行不同的实验，这些实验在同一个方面全都是具有结论性的。早晨，我把雌蝶放在一个钟形金属网罩里。它的栖息处是同先前一样的一根橡树细枝。雌蝶在里面一动不动，像死了似的。它在细枝上待了许久，藏在大概浸润着其散发物的叶丛中。当探视时间临近时，我把浸足了散发物的细枝抽出来，放在离敞开的那扇窗户不远处。另外，我让钟形罩中的雌蝶待在房间中央的桌子上显眼的地方。

蝴蝶纷纷来到，先是一只，然后是两只三只，很快就是五只六只。它们进来，出去，又回来，飞上飞下，飞来飞去，始终是在那扇窗户附近，那根细橡树枝放在椅子上，离窗户不远。谁也没往那张大桌子飞，而雌蝶就在那儿的金属网罩中等候它们，离它们并没有多远。它们在迟疑，这可以清楚地看出来：它们在寻找。

最后，它们终于找到了。那它们找到什么了？找到的正是那根细枝，它早晨曾是胖雌蝶的粉床。它们急速扑扇着翅膀；它们飞落在叶丛上；它们忽上忽下地搜寻、抬起、移动树叶，以至最后那束很轻的细枝被弄得掉到地上去了。它们仍在落在地上的细枝叶丛中搜索。在翅膀和细爪的扑打抓挠下，细枝在地上移动着，仿佛被一只小猫用爪子抓扑的破纸团。

当细枝连同那群搜索者移动到远处时，突然新飞来两只小阔条纹蝶。那把刚才放有细枝叶的椅子就在它俩飞经的途中。它俩在椅子上落下，急切地在刚才放过细枝的地方嗅闻个没完。然而，对于先来者和新到者来说，它们热盼的那个真实目标就在那儿，很近，被一只我忘了遮盖起来的金属网罩罩着。它们谁也没有注意到它。它们在地上继续推挤雌蝶早上睡过的那张小床；它们在椅子上继续嗅闻那张粉床曾经放过的地方。日影西斜，撤退的时刻到了。再说，撩拨的气味也在渐渐地淡去，消散。拜访者们没什么可做的了，只好飞走，明日再来。

我从随后的实验中得知，任何材料，不管是哪一种，都可以代替我那偶然的启示者——带叶的细枝。我稍许提前一点儿把雌蝶放在一张小床上，上面时而铺垫着呢绒或法兰绒，时而放些棉絮或纸张。我甚至还强迫雌蝶睡木质的、玻璃的、大理石的、金属的硬硬的行军床。所有这些东西在被雌蝶接触了一段时间之后，都像雌蝶本身似的对雄蝶们有着同样的吸引力。它们全都具有这种吸引雄蝶的特性，只不过是有的强些有的弱些。最好的是棉絮、法兰绒、尘土、沙子，总之是那些多孔隙的东西。而金属、大理石、玻璃反而很快地便失去它们的功效。总而言之，但凡雌蝶接触过的东西，都能把其吸引力的特性传出去。因此，橡树细枝掉到地上之后，雄蝶们仍旧纷纷飞到那把椅子的坐垫上。

我们来选用一张最好的床，比如法兰绒床，我们将会看到新奇的事。我在一根长试管或小阔条纹蝶正好可以飞进去的一只短颈大口瓶里放一块法兰绒，让雌蝶整个上午都待在上面。来访者们钻入器皿中，在里面拼命扑腾，却怎么也飞不出来了。我给它们布置了个陷阱，可以让它们有多少死多少。让我们抽出那块法兰绒，把那些落难者放走吧。我们把法兰绒藏于盖得严严实实的盒子里。晕头转向的雄蝶们又回到那支长试管里，再次钻进了陷阱之中。它们是受到了浸透尤物的法兰绒传给玻璃的那种气味的引诱。

我因此便坚信了自己的想法。为了邀请周围的众蝶飞赴婚宴，为了老远地通知它们并引导它们，婚嫁娘散发出一种我们人的嗅觉感觉不出来的极其细微的香味。我的家人们，包括孩子们那最灵敏的鼻子，凑近那只雌性小阔条纹蝶也没有闻出一丝一毫的气味来。

雌性小阔条纹蝶停留过一段时间的任何东西都很容易地浸润了这种尤物，因而这些东西自此也就如雌性小阔条纹蝶一样成为具有同样功效的吸引力的中心，只要它的散发物不消失掉。

没有任何可以用眼看出的诱饵。在求欢者们心急火燎地围着刚刚弄好的纸床上，没有任何看得出的痕迹，也没有一点儿浸润的样子，其表面在浸润了尤物之后与没有浸润之前一样地干净整洁。

这种尤物配制得很慢，须一点儿一点儿地积聚，然后才能充分地散发出去。雌蝶被从其粉床弄走，移到别处，暂时失去了诱惑力，变得冷漠起来；雄蝶们飞往的是长时间浸润之后的雌蝶栖息地。然而，御座重新放好，被抛弃的女皇又重新掌权了。

信息流通的出现时间有早有晚，根据昆虫品种而定。刚孵出的那只雌性小阔条纹蝶需要一段时间才能发育成熟，才能安排自己的蒸馏器似的器官。雌性大孔雀蝶早晨孵出，有时候当晚便有探访者飞来，但更经常的是第二天，经过四十来个小时的准备之后才有求欢者。雌性小阔条纹蝶则把自己召唤异性的活动推得更迟，它的征婚广告要等个两三天之后才发布。

让我们稍稍回过头来看看其触角的蹊跷功用。雄性小阔条纹蝶与其婚恋方面的竞争对手一样有着漂亮的触角。把其层叠状的触角视作导向罗盘是否合适？我并无太大把握地对它们进行了我以前做过的那种截肢手术。被动过手术的雄性小阔条纹蝶没有一只再飞回来。但也别忙于下结论。我们从大孔雀蝶那儿已经知道，它们的一去不复返有着比截肢的结果更加重要的原因。

另外，第二种小阔条纹蝶——苜蓿（mù·xu）蛾蝶这种与第一种小阔条纹蝶很相近的蝴蝶，也有着华美的羽饰，它也给我们出了一道难题。在我家附近常常见到它们，就在我的那座荒石园里我都发现过它的茧，极容易与橡树蛾的茧搞混。我一开始就曾把它们搞混过。我原指望从六只茧中得到小阔条纹蝶，但将近八月末时，我得到的却是六只另一品种的雌蝶。这下可好，在这六只在我家孵出的雌蝶周围，从未见过有一只雄蝶出现，尽管附近无疑就有雄性小阔条纹蝶出没。

如果宽大而多羽的触角真的是远距离信息传输工具的话，那为什么我的那些有着华美触角的邻居却未获知在我工作室中发生的情况呢？为什么它们美丽的羽毛装饰并未让它们对一些事情发生兴趣呢？而所发生的这些事情本会让另一种小阔条纹蝶纷纷飞来的呀！这再一次说明器官并不决定才能。尽管有着相同的器官，但某种才能一种昆虫会有，而另一种却并没有。

（本篇选自《昆虫记》原著第七卷）

象态橡栗象

导读

它有着长矛似的鼻子，样子看起来有些滑稽；它有着极大的毅力和耐心，会花费数个小时钻一颗橡栗，却也会在瞬间将其弃之不用；它的生命有时会因为一些意外，很尴尬地结束……它就是象态橡栗象，一种十分有趣的昆虫。

我们的机器中有某些东西很奇怪，在它们处于静止状态时，你无法知道它们是怎么回事。一旦机器转动起来，怪诞的装置便咬住齿轮，打开、闭合连动杆，我们就看见了各部件的巧妙组合，每个部件都在为实现预定功效而匠心独运地各司其职。这就是各种象虫，尤其是橡栗象的情况。正如其名所示，橡栗象就是生来对付橡栗、榛子以及其他类似坚果的。

在我们那片地区，最引人注目的便是象态橡栗象。它的名字起得真妙！让人产生好多联想啊！啊！瞧它那副滑稽相，嘴上还叼着一只长烟斗哩！这烟斗细如马鬃（马颈上的长毛。鬃，zōng），棕红色，几乎笔直，其长无比，以至橡栗象只好斜着身子，让它伸直，免得折断，像头前伸出一支长矛似的。这么长的一根尖桩，这么一个怪鼻子，橡栗象用它来干什么呀？

我看见有人对此耸耸肩，表示不屑。如果说人生的唯一目的确实是通过或明的或暗的手段挣钱的话，那这种问题问得就有点儿荒唐了。

好在另有一些人则不然，在他们眼里凡事都是重要的，没有微不足道的。他们知道思想的面包是用一些细碎的面团揉成的，它们并不比收获的粮食来得无关紧要，他们知道耕耘者与询问者都在用聚集起来的面包屑供养这个世界。

让我们可怜可怜这种问题吧，让我们继续讲述下去。用不着看着橡栗象干活儿，我们也可以猜测到它的奇形怪状的长嘴上有一个类似我们用来钻坚硬物体的钻头。它的大颚是两个钻石尖，构成钻头尖端的高强度齿甲。这种象虫仿照菊花象，但其条件要比后者差，它们用这种钻头来开道，以便安放自己的虫卵。

尽管这种猜测不无道理，但毕竟不是确定无疑的。只有看着橡栗象干活儿我才能知道其中的奥妙。

耐心的人最终总会碰到机会的，因此十月上旬我终于看到橡栗象在干活儿了。我当时惊讶极了，因为节气已经很晚了，一般来说一切技术性的活儿都干完了。初寒一到，昆虫的季节便告结束。

那一天，天气坏透了，刺骨的寒风呼啸着，冻得人嘴唇像被刀割似的。这种天气跑到荆棘丛去察看，非得意志坚强不可。但是，假如长嘴橡栗象如同我所猜想的那样用长杆工具钻橡栗，那就得赶快去看，时间是不等人的。橡栗仍是绿的，但已经很大的个头儿了。再过两三个星期它们将变成褐栗色，完全熟了，随即就会掉到地上的。

我疯看了一圈，颇有收获。在墨绿的橡树上，我发现一只橡栗象，长鼻子已经有一半钻进一只橡栗中去了。仔细观察它是不可能的，因为树枝被寒风吹得抖动个不停。于是，我便把那根树枝折断，轻轻地放在地上。那只橡栗象没有注意到被搬了家，仍在继续干着。我躲在一丛矮树后面，蹲在它的近旁，看着它干活儿。

象态橡栗象脚上蹬着黏性套鞋，可以牢牢地贴在光滑浑圆的橡栗上，后来，在我实验室里的玻璃壁上它也是靠着这种黏性套鞋得以垂直地爬上爬下的。此刻，橡栗象正在橡栗上用自己的弓摇钻忙活着。它缓慢而笨拙地围着它那根插入橡栗中的钻杆移动着，在画着半圆，圆心就是钻孔，然后又折回头来，画一个反向的半圆。它反复地这么画来画去，如同我们运用手腕的力量用钻子在木头上转来转去地钻一个洞一样。

长鼻子在一点儿一点儿地钻进去。一小时后，长鼻子见不着了。然后它歇息了片刻。最后，长鼻工具抽了出来。随后会出现什么事呢？这一次没有出现其他什么事。橡栗象丢下了它钻探的那口井，一本正经地退了出来，蜷缩在枯树叶中。今天我不会获得更多的资料了。

但我并未放松警惕。在有利于捕捉虫子的无风的日子里，我回到了先前去的地方，很快便捉到了一些，装进我实验室的金属网罩中。鉴于这是一项慢工细活儿，我知道会有不少的困难，所以我宁愿在自己家里不紧不慢地观察研究。

这么做棒极了。如果我像开头一样继续在树林中观察橡栗象的劳作的话，即使我能找到一些为我观察所需的橡栗象，那我也永远不会有耐心把它们选择橡栗、钻孔和产卵的情况从头观察到尾的，因为它们干活儿既细心又慢悠悠的。

我的橡栗象所光顾的矮树林有三种橡树：绿橡树、短柔毛橡树和胭脂虫栎树。如果樵夫不过早砍伐的话，绿橡树和短柔毛橡树会长成很漂亮的树木的，而胭脂虫栎树只是一种可怜的荆棘而已。绿橡树是这三种树木中挂果最多的，是橡栗象的最爱。其橡栗坚硬，长形，中等大小，硬壳不太粗糙。短柔毛橡树的果实一般来说长得不好，短小而又皱巴，没熟就掉落了。塞里昂丘陵的干旱气候对这种橡树极为不利。因此，橡栗象只是在退而求其次的情况下才选用它。

胭脂虫栎树是一种短小的灌木，矮得一迈步就能跨越过去，但其果实却是多汁的，与树那惨兮兮的外表形成强烈的反差。其橡栗鼓鼓的，呈粗大的鹅卵形，壳上立着粗糙的鳞片。象态橡栗象找不到比这更好的居所了，既是坚固的住宅又是丰富的粮仓。

我把几根这三种橡树长满橡栗的树枝置放在我的金属网罩圆顶下面，一头浸在一盆水里，以保持新鲜。小树枝上放了数目合适的配对橡栗象，最后实验仪器也放在我实验室的窗户上，天气晴朗时，一天大部分时间都能照到太阳。现在，让我们耐着性子，时刻监视着。我们将会得到回报的。钻探橡栗值得一看。

我们并没等得太久。准备工作做好之后的第三天，我在橡栗象开始干活儿时准时到来。雌橡栗象比雄的体形更壮实，用手摇曲柄钻钻的时间也更长，它仔细地察看那个橡栗，无疑是准备产卵。

它一步一步地从前头爬到后头，从上面爬到下面，爬遍了那个橡栗。橡栗壳很粗糙，爬动很容易。如果脚底没有黏性套鞋，没有在各种姿态下都能保持平衡的刷子形鞋底的话，在橡栗的其他部分爬动就不太容易了。橡栗象以同样从容的姿势在橡栗的上下左右爬来爬去，从未摔落。

它已经选好了，这个橡栗被认为是最好的。现在是要在这个橡栗上钻一个探测洞。橡栗象的钻杆太长，操作起来很困难。为取得最佳机械效果，就必须按照被钻件凸面的法线把钻杆竖立，然后再把干活儿时间以外呈前伸状态的这个碍事的工具收回到橡栗象钻工的身体下面。

为达到这一目的，橡栗象用后腿支起身子，立在鞘翅尖端和后跗骨形成的三脚架上。没有什么比这个怪诞的钻工更加奇怪的了，它站立着，把长钻杆鼻放回自己身下。

成功了，长钻杆鼻笔直地竖了起来。钻探开始了。其方法就是我那天北风呼啸时在树林中所见到的那种。它极其缓慢地钻着，从右往左，然后再从左往右，循环往复地这么干着。钻头并不是一种因始终朝着一个方向旋转而往下钻着的螺旋形开瓶器似的工具，而是一种套针，先是啃咬，然后轮番向着一个方向和另一个方向磨蚀，逐渐往下扎去。

在继续往下介绍之前，让我们先说一下一个偶然事件，它太引人注目，不能避而不谈。我多次偶然发现钻工死在自己的工地上。死者的姿态很奇特。如果死亡不总是什么严重的事，尤其是当它是突然发生的工伤事故的话，那怪模怪样的死亡姿态是会让人忍俊不禁的。

探杆尖正好插在橡栗上。已经开始干活儿了。在钻杆这个致命的尖桩的顶端，象态橡栗象垂直地悬于空中，远离各个支撑面。它已干瘪，也不知道死了有多少天了。爪子僵硬，缩在肚腹下面。即使这些虫爪像活着时那样灵活而又能伸长的话，它们根本也不可能够得着挂橡栗的枝丫的。到底突然发生了什么事，把可怜的橡栗象身子刺穿，如同我们所收集的标本那样，用大头针钉住标本的脑袋？

原来发生了一起工伤事故。由于钻杆太长，象态橡栗象开始干活儿时是用后腿站着的。假设这笨拙的钻工突然脚下一滑，两只附着抓斗一下子没有抓住，身子便立即脱离橡栗，被稍弯的钻杆这么一弹便被甩了出去，因为开始干活儿时，必须让钻杆稍微弯得多一点儿以利钻探。因而，它便被远远地抛离橡栗工地，徒劳地在空中拼命挣扎，它的跗骨——救命的钻头找不到任何可以抓附的东西。它因无任何支撑点以摆脱险境，最后筋疲力尽地死在长钻杆的顶端。如同我们工厂里的工人们一样，象态橡栗象有时候也成为自己机器的受害者。让我们祝它们好运，套上结实的黏性鞋套，小心干活儿，当心滑倒。我们再继续介绍吧。

这一次，机械运转良好，但是奇慢无比，所以往下钻探的情况用放大镜观察也看不出钻了多少。但象态橡栗象一直在钻探，歇息一会儿，立即又干起来。一个小时过去了，神情专注使得我紧张而疲乏，因为我一定要看一看那关键一刻的工作情况：象态橡栗象收回钻杆，返回来把卵放进井口。这样我起码可以预见到事情进行的状况。

两个小时过去了，我已经失去了耐心。我与家人协商。家中的三个人轮流值班，不间断地盯着执着的象态橡栗象。我必须不惜一切代价了解到它的秘密。

我幸亏找了帮手，他们留意地帮我仔细观察。连续不断地观察了八个小时之后，将近夜幕降临时分，监视哨在叫我。象态橡栗象看样子已经干完活儿了。它确实在往后撤，谨慎小心地在抽回钻杆，生怕把它弄折了。钻具抽出头了，又笔直地伸向了前方。

那一时刻到了。唉！没到哩。我又一次上当了。我那一轮一轮的八小时值班监视没见结果。象态橡栗象走了，没有利用自己钻探的成果便遗弃了那个橡栗。没错，我完全有理由怀疑自己在树林里所观察到的结果。在绿橡树中，忍受烈日的烤炙，全神贯注地待着，简直是一种难以忍受的折磨。

整个十月份，必要时求助手们帮忙，我查看了没被下卵的许多钻井。观察的时间长短不一，一般是两个小时，有时候达到或者超过半天。

钻这些劳民伤财而多数又不下卵的井的目的何在？我们先来了解一下虫卵的位置以及幼虫最初几口食物的情况，或许答案就有了。

那些住有象态橡栗象卵的橡栗是挂在树上、嵌在橡栗壳里的，仿佛没有发生任何有损于绒毛叶的不正常事情。稍加留意，你很容易地便能辨认出它们来。在离栗壳斗不远的光滑而仍绿油油的外壳上，可见一个小点，确系一灵巧的针所刺。由于坏死而产生的一个窄小的褐色乳晕很快便把这个小孔洞包围起来。那就是钻井口。另外还有几次，但并不多见，洞穴是穿过壳斗钻出来的。

咱们挑选那些新近钻孔的橡栗，也就是那些苍白针孔尚未因日久天长由褐色乳晕围起来的橡栗。我们把它们的壳剥去。其中不少并未见有什么东西：象态橡栗象钻探了它们，但并未在里面产卵。它们同我网罩里的那些橡栗一样，被钻了无数小时，却并未加以利用。有许多里面有一只卵。

无论壳斗上面的井口有多么远，这只卵总是待在井底，在一堆绒毛叶那儿。那儿有柔软的绒呢，是由壳斗提供的，被滋养品源泉——叶柄的渗液所润湿。我看见一条很小的象态橡栗象的幼虫，是我亲眼看着它孵出来的，它最初几口是在轻轻地咬那堆絮状的食物，那个用丹宁酸调了味儿的新鲜面包。

这种如同新生有机物一样多汁、易消化的小糕点，只有那儿才有，而象态橡栗象也只是在那儿，在壳斗和绒毛叶之间安放自己的卵。象态橡栗象十分清楚最适合其新生儿那虚弱的胃的食物在什么地方。

上面是相对而言较粗糙的绒毛叶面包。幼虫在头几个小时的餐厅里增强了体力，然后并非直接地，而是通过其母用探针捅开的狭道钻进面包房。狭道中满是面包屑和吃了一半的残渣。幼虫吃了这种沿路备好的稍微粗糙的可口面粉，力气倍增，于是它便完全钻进橡栗那坚硬的果肉中去了。

所掌握的这些情况说明了产卵的象态橡栗象是如何干活儿的。在钻探之前，它上下、左右、前后仔细地查来看去，这时它的目的是什么？它是在了解这个橡栗是否已经被占据了。诚然，食物很丰盛，但两只虫子吃就不太够了。我确实还从未发现有两只虫子在同一个橡栗中的。只有一只，始终都只有一只，这一只在吃完丰盛的食物，消化完后将食物变成橄榄绿色的小团团之后，离开橡栗，下到地上。绒毛叶面包最多也就剩这么一丁点儿的面包屑了。原则是：每只象态橡栗象都有自己的圆形大面包，每个消费者都有自己的一份橡栗口粮。

把卵安置进去之前，先得检查一番，看看这个橡栗是否被占据了。可能存在的那个占据者在这个地下墓穴的底部，由满是鳞片的壳斗遮掩着。这个狭小的藏身处没有什么秘密可言。但是，如果橡栗表面没有那细小的针眼的话，再尖的眼睛也猜不到里面藏着一个隐居者。

这个小孔不明显，但可仔细辨出，它就是我的向导。有它在，我就知道橡栗有主儿了，或至少，是被做过与产卵有关的实验；它不存在，我就深信这个橡栗尚未有任何人占据。毋庸置疑，象态橡栗象也是根据这同样的方法获知情况的。

我目光锐利，仔细地观察一切，必要时还动用放大镜。我把观察对象拿在手里转来转去地看这么一会儿，情况便一清二楚了。而它，这个近视的象态橡栗象观察者，却不得不到处查来验去，最后才确切地找到那个能说明问题的小孔。再说，这是家族利益在迫使它慎之又慎，而我只是好奇心使然。因此，它对橡栗的检查是极费工夫的。

橡栗一旦被确定完好无损，这就成了。钻头在往下钻，一干就是好几个小时。然后，有好多次，象态橡栗象对自己的活计不屑一顾地走开了，钻探完了没有随即产卵。这么卖力地干了这么久又有何用呢？它只是为了饮水解渴、恢复体力才这么找一个橡栗随便钻钻吗？它嘴上的吸管会下到井底深处，在满意的角落吸几口富有营养的饮料吗？它这么忙活一番只是为了自己进食吗？

一开始，我真是这么想来着，因为我毕竟对它为了一大口饮料而这么坚忍不拔颇觉惊讶。但是，雄性象态橡栗象的情况告诉了我实情，我便抛弃了这一想法。雄性象态橡栗象也有长嘴，必要时也能钻出一口井来，但我从未见过雄性象态橡栗象有谁趴在一个橡栗上面，吭哧吭哧地掘井。为什么要这么费劲呢？这些节制饮食的昆虫有一点点吃的就足够了。用长鼻尖端稍稍刺破一片嫩叶，就足以维持它们的生命了。

如果说它们这些无所事事，无须为吃费神的雄性无过多需求的话，那么那些忙于产卵的雌性又是怎么回事呢？它们来得及又吃又喝吗？不，被钻了孔的橡栗并不是一个小酒馆，任你在那儿没完没了地喝个够。长嘴伸进橡栗喝上这么一小口那倒有可能，但是，那些碎屑并不是它的初衷。

我想我隐约地发现了真实目的。我前面说了，卵总是置于橡栗底部，在一些由叶柄渗出的液汁润湿的絮状物中间。幼虫刚孵出时，还啃不动挺硬的绒毛叶，只能咬壳底柔软的毛毡，以其液汁为食。

但是，随着橡栗长大成熟，这个蛋糕也就变得很硬了，味道以及液汁的量都随之有所变化。柔软部分变硬了，湿润的部分干燥了。在一个时期，新生儿所需的舒适条件是极具备的。稍早些，舒适条件未达到标准；稍晚些，那些条件也过分成熟了。

在外边，在橡栗的绿壳上，这种内部厨房的烹饪情况丝毫显现不出来。为了不让幼虫吃不合适的食物，做母亲的因为只是从外表查看了橡栗而不太了解情况，只好自己先用长鼻尖端尝尝粮仓底部的食粮。

妈妈在喂婴儿喝粥之前，也都先用嘴唇去试试粥的凉热。雌性象态橡栗象也是以同样的慈母心这么去对待自己的幼虫的。它把长鼻尖端伸到井底深处，看看里面的食物情况，然后再留下给自己的孩子。如果井底食物令它满意，它就把卵产下来；如果食物令它不满意，它就不再多往下钻探，弃之而去。这就可以解释为什么它钻了半天而弃之不用了。那是因为再钻下去也没有用处，井底的食物经仔细鉴定不符合要求。为了自家孩子的第一口食物，这些象态橡栗象多么细心，多么挑剔啊！

把新生儿放在将能找到多汁而柔软的、易于消化的食物的地方，这些细心挑剔的母亲还觉得不行。它们的关怀照顾还远胜于此。一个折中的办法也许有用，就是让小幼虫从最初的吃软糕点改成吃硬面包。这个折中办法就在母亲钻出的那个坑道里。那儿有一些碎屑，是长嘴上的剪刀剪碎了的。另外，坑道内壁受损，变软，比其他东西更适合新生儿娇嫩的颚。

在啃咬绒毛叶之前，幼虫的确是先钻入这个坑道的。它以沿途找到的粗面粉为食；它收集悬于壁上的褐色微粒；最后，它已足够壮实，便弄破果仁那圆形大面包，钻进里面去，不见了踪影。胃已经锻炼好了，剩下的事就是放开肚皮吃了。

这种管状婴儿哺乳室应有一定的长度，以满足初生婴儿的需要。因此，做母亲的便用那把钻孜孜不倦地干活儿。如果探测只是局限于品尝一下食物，了解橡栗底部的成熟程度的话，操作就会简便得多，只需透过外壳在这块底部不远处进行就可以了。这一点象态橡栗象并不是不知道：我偶尔也发现象态橡栗象正在对坚硬外壳这么干哩。

我从中看到的只是急于了解情况的产妇的一种试验。如果橡栗合用，钻探就将在稍高处，在壳斗外面重新开始。当卵应该产下时，按惯例确实是钻橡栗，尽可能地在高处，只要钻杆够长就行。

花了大半天时间仍未完工的那个长钻洞是怎么回事呢？它干吗这么坚持不懈地干呀？就在离叶柄不远处，少用许多时间和少许多劳累钻头就可以钻到那个理想的地点，那个新生幼虫得以饮用的清泉。做母亲的这么费劲，疲劳不堪自有道理：它这么做可以到达橡栗底部那理想之地，因此也就获得了最佳的效果，可以替自己的孩子准备好一个吃不完的面粉口袋。

这是些鸡毛蒜皮的事！不，对不起，这可是一些大事呀，这是在告诉我们象态橡栗象在储存最微不足道的东西时的细致入微，向我们证明了一种调节细枝末节的高级逻辑。

象态橡栗象像一个优秀的教育家，它有自己的好主意，值得尊敬。这起码是乌鸫（dōng）的看法，乌鸫一到秋末，浆果开始短缺时，便美滋滋地拿这种长嘴昆虫充饥。虽说不够塞牙缝的，但味道却十分鲜美，没有尚未被严寒冻坏的橄榄苦涩。

如果没有乌鸫及其竞争对手的话，春天树木复苏时会成一幅什么样的景象呀！即使人因自己所干的蠢事而从地球上消失了，乌鸫用其鸣唱来庆祝万物复苏也同样是庄严隆重的。

除了满足森林欢乐之鸟——乌鸫的朵颐（指鼓动腮颊嚼食东西。颐，yí）而很值得赞扬以外，象态橡栗象还有另一个功用——调节植物的无序生长。如同所有真正名副其实的强者一样，橡树是个慷慨大度者，它大量地提供橡栗。这么多的橡栗大地如何处理它们呢？森林缺少空间便会窒息，树木过多则会殃及所有树木。

不过，鉴于食物充沛，急于使过度生产保持平衡的消费者从四面八方纷纷赶来，田鼠这个原住民在一堆碎石中，在其草料床垫旁存储起橡栗来。松鸦这种外来户也不知如何获得消息的，成群结队地从远方飞来。一连几个星期，它们逐一地对橡树大加叼啄，还像被掐住的猫似的呱呱叫嚷着以表现自己的欢乐与兴奋，任务完成之后，便飞回自己北方的故乡。

象态橡栗象比大家动手更早。它把卵产在还很青的橡栗中。现在，橡栗落在地上，提前变成褐色，还被钻了个圆孔，象态橡栗象幼虫吃光了橡栗里面的食物便从这个小圆孔里爬出来。光一棵橡树下，很容易地就能捡满一篮子这种被掏空的橡栗。对于清理过剩物资的活计，象态科昆虫远胜于松鸦和田鼠。

人为了养猪，很快也来了。在我们村子里，当市镇击鼓宣读公告的人宣布某日为在市镇树林里采摘橡栗的开始日时，那可是件大事哩。前一天，最起劲儿的人便先行跑去查看地点，为自己选定最佳位置。第二天，天蒙蒙亮，全家人便都跑到选定的地点。父亲用长竹竿敲打高处的树枝；母亲围着麻布大围裙，可以进入林子深处，采摘手能够得着的橡栗；孩子们则捡拾掉落在地上的。一篮篮装满了，倒进筐里，装入大布袋中。

继田鼠、松鸦、象虫以及其他许多动物之后，现在轮到人们开心了，他们在计算采摘了这么多橡栗自己的猪该能长多肥。但是，一份开心之中也藏着一种遗憾，就是眼见这么多的橡栗散落地上，一个个都被钻了孔，被糟蹋了，一点儿用处也没有了。于是人们便对造成这种破坏的肇事者诅咒起来。听他们的口气，好像这森林只属于他们所有似的，似乎橡树只是为他们的猪才结果的。

我想告诉这些人，守林人是不会记录轻罪犯人的罪状的，而这样做是非常好的，因为人太自私，在收获橡栗中看到的只是猪长肉，肉做肠，这种态度后果是严重的。橡栗在邀请大家全都来利用它的果实。我们人类从中获得了最大的一份，因为我们是最强者。那是我们唯一的权利。

但是，在不同的消费者中进行平衡的分配，这是高于一切的大原则。在这个世界上，大家都各有自己的作用，无论强大与弱小。如果说乌鸫为万物复苏而欢快、鸣唱是大好的事的话，我们也别认为橡栗被蛀空是件坏事，象态橡栗象可是鸟儿的点心，它肉质鲜美，能让鸟儿臀肥歌美。

我们让乌鸫去歌唱吧，还是回过头来谈我们象虫科昆虫的卵。我们知道卵所在的地方：橡栗底部，在最鲜嫩多汁的果仁中。它是怎么住到那儿去的，那儿离壳斗边缘上方的入口可是够远的，这确实是个小小的问题，甚至可以说是幼稚的问题。但也别对它不屑一顾，因为科学就是由一些幼稚可笑的事物构成的。

第一个用一块琥珀在衣袖上摩擦，随后便得知这块琥珀能吸麦秸的人，绝没猜想到我们今天的电的奇妙。他只是在天真地自得其乐而已。但这种儿童游戏经过反复地做，以各种各样的方法进行探索之后，就变成了世界上的强大力量之一。

观察者对什么都不应该忽视，因为永远也不会知道从最不起眼的事物中会产生出什么来。因此，我又对自己提出了这个问题：象态橡栗象是通过什么办法在离入口那么远的地方住下来的？

对于尚不知晓卵的位置但可能知道幼虫首先是从其底部咬吃橡栗的人来说，答案可能是这样的：卵产在管道入口，在表面处，而幼虫则在母亲钻好的坑道里爬动，自己爬到储存幼儿食物的那个偏僻地点。

在掌握足够的资料之前，我自己起先也是这么解释的，但我很快就认为这种解释是错误的。当产妇把腹尖贴在刚用钻钻出的孔口便退走不久，我便摘下了这个橡栗。卵好像应该就在那儿，在入口处，紧贴表面的地方……可并非如此，那儿并没有卵，卵在坑道的另一端。如果我大胆假设的话，卵是像一块石头似的掉进坑底的。

我们还是快点儿抛开这种愚蠢的想法吧！坑道极其狭窄，又堵满锉（cuò）屑似的东西，这么直接掉下去是不可能的。再说，根据叶柄那直的或颠倒的方向，在一个橡栗里下落那就会在另一个橡栗里上升。

出现了第二种解释，同样是大胆的。我在想：布谷鸟在草地里任何地方下蛋，然后用嘴把蛋叼起，放到黄莺的狭小的窝里去。象态橡栗象会不会也用的是类似的法子呢？它会不会利用它的长喙（huì，鸟兽的嘴）把它的卵送到橡栗底部去呢？我看不到它身上还有其他什么工具能够达到这个深洞的底部。

然而，我们还是赶快抛开因想不出道理来而产生的这种怪诞的解释吧。象态橡栗象是从不会公开地产下卵，然后再去用喙叼住它的。如果它这么做的话，那娇弱的卵在狭窄而又堵塞的坑道里往下放的时候准会被挤压，必死无疑。

我感到非常尴尬。对象态橡栗象的身体结构很有研究的任何一位读者都会有此尴尬的。蝈蝈长有一把大刀，那是它产卵的工具，可以把卵送到地下它所希望的深处去；褶翅小蜂配备着一个探头，可以钻穿石蜂筑成的水泥建筑，把自己的卵放到后者半睡半醒的胖幼虫的茧内去。但象态橡栗象却没有这类短剑、匕首，它的腹部什么都没有，绝对没有。然而，它只需把腹尖贴在井的狭小的孔眼上，就能立刻把卵送到橡栗底部去。

解剖将会告诉我们用其他办法所无法获知的谜底。我剖开象态橡栗象产妇。我看到的令我瞠目结舌。那儿有一部古怪的机器，一根僵硬的棕红色尖头桩，与身体一样长，我觉得几乎像是一个喙，因为它与头部的喙很相似。那是一根管子，细如毛发，空的尖端有点儿张开，状如榴弹发射筒，始端鼓起，呈卵形泡状。

这就是产卵工具，与钻孔器大小粗细相同。钻孔喙钻到哪儿，这个内喙——卵探测器便可下到哪儿。当产妇在橡栗上下钻时，它选择的攻击点就必须让这两个相辅相成的工具都能够到达理想的地点——果仁底部。

现在，其他的就不言自明了。产妇的手摇曲柄钻干完活儿后，坑道完工，它便回转身来，把腹部末端贴在那钻孔上。然后，它拔出剑来，内喙显露出来，毫无困难地钻入锉屑堵塞的坑道。引导探头上什么都没有显现，因为它运转敏捷而小心。卵安置好之后，这个工具逐渐回收，缩回腹内，同样是滴水不漏。大功告成，产妇离去，而我们却一点儿也没有看出它的破绽。

我强调坚持是有道理的吧？一个表面看来无足轻重的情况刚刚以毋庸置疑的方式告诉我菊花象使人狐疑的地方。长吻管有一个内部探头，一个外部无任何痕迹的腹部喙。象虫在其腹部秘密处藏有类似于蝈蝈和姬蜂的刺刀般的工具。

（本篇选自《昆虫记》原著第七卷）

金步甲的婚俗

导读

一天，一只雄性金步甲死了。它死得非常惨烈。爪子、脑袋、胸部，全部完好无损，只是肚子被大开了膛，内脏被掏个精光，只剩下一副金色贝壳架，由双鞘翅合拢护着。到底是谁杀了它呢？

众所周知，金步甲是毛虫的天敌，所以无愧于它那园丁的称号。它是菜园和花坛的警惕的田野卫士。如果说我的研究在这方面不能为它那久负盛名的美誉增添点儿什么的话，那至少我可以从下面的介绍中向大家展示这种昆虫尚未为人所知的一面。它是个凶狠的吞食者，是所有力不及它的昆虫的恶魔，但它也会惨遭灭顶之灾。是谁把它吃掉的呢？是它自己以及其他许多昆虫。

有一天，我在我家门前的梧桐树下看见，一只金步甲慌急慌忙地爬过。朝圣者是受人欢迎的，它将使笼中居民增强团结。我把它抓住后，发现它的鞘翅末端受到损伤。是争风吃醋留下的伤痕吗？我看不出有任何这方面的迹象。

要紧的是它可不能伤得很厉害。我仔细地查验一番，看不见什么伤残，可以大加利用，便把它放进玻璃屋中，与二十五只常住居民为伴。

第二天，我去查看这个新寄宿者。它死了。头天夜里，同室居民攻击了它，那残缺的鞘翅没能护好肚腹，被对方给掏空了。破腹手术干净利落，没有伤及一点儿肢体。爪子、脑袋、胸部，全部完好无损，只是肚子被大开了膛，内脏被掏个精光。我眼前所见的是一副金色贝壳架，由双鞘翅合拢护着。对照一下被掏空软体组织的牡蛎（mǔlì，软体动物，有两个贝壳，一个小而平，另一个大而隆起，壳的表面凹凸不平。肉能提制蚝油。肉、壳、油都可入药。也叫蚝或海蛎子），也没有它这么干净。

这种结果颇令我惊诧，因为我一向很注意查看，不让笼子里缺少吃食。蜗牛、鳃角金龟、螳螂、蚯蚓、毛虫以及其他可口的菜肴，我是换着花样地放进笼中，菜量充足有余。我的那些金步甲把一个盔甲受损、容易攻击的同胞给吞吃掉，是无法以饥饿所致作为借口的。

它们中间是否约定俗成，伤者必须被结果，其要变质的内脏必须被掏空？昆虫之间是没有什么怜悯可言的。面对一个绝望挣扎的受伤者，同类中没有谁会驻足不前，没有谁会试图前去帮它一把。在食肉者之间事情可能变得更加悲惨。有时候，一些过往者会奔向伤残者。是为了安慰它吗？绝对不是，它们是为了去品尝它的味道，而且，如果它们觉得其味鲜美，则会把它吞吃掉，以彻底解除它的痛苦。

当时，有可能是那只鞘翅受损的金步甲暴露了它受伤的地方，同伴们受到了诱惑，视这个受伤的同胞为一只可以开膛破肚的猎物。但是，假如先前并没有谁受伤，那它们之间是否会相互尊重呢？从种种迹象来看，一开始，它们之间还是相安无事的。吃食时，金步甲们之间也从未开过战，顶多只不过是相互从嘴中夺食而已。在木板下躲着睡午觉，而且睡得很久，也没见有过打斗。我那二十五只金步甲把身子半埋在凉爽的土中，安静地在消食，打盹儿，彼此相距不远，各睡各的小坑。如果我把遮阴板拿掉，它们立刻惊醒，纷纷四下逃窜，不时地相互碰撞，但并不干仗。

平静祥和的气氛很浓，似乎会永远这么持续下去，可是，六月，天刚开始热，我查看时发现有一只金步甲死了。它没有被肢解，同金色贝壳一模一样，如同刚才被吞食的那只伤残者的样子，使人想到一只被掏干净的牡蛎。我仔细查看了残骸（cánhái，人或动物的尸骨，借指残破的建筑物、机械、车辆等），除了腹部开了个大洞，其他地方完好无损。由此可见，当其他的金步甲在掏空它时，那只受伤的金步甲是处于正常的状态的。

不几天，又有一只金步甲被害，同先前死的一样，护甲全都完好无损。把死者腹部朝下放好，它似乎好好的；而让它背冲下的话，它便是一只空壳，壳内没有一点儿肉了。稍后不久，又发现一具残骸，然后是一只又一只，越来越多，以至笼中居民迅速减少。如果继续这么残杀下去的话，那我的笼子里很快就什么也没有了。

我的金步甲们因年老体衰，自然死亡，幸存者们是瓜分死者尸体呢，还是通过牺牲自己的同伴来达到减少数量的目的呢？想弄个水落石出并非易事，因为开膛破肚的事是在夜间进行的。但是，我因时刻警惕着，终于在大白天撞见过两次这种大开膛。

将近六月中旬，我亲眼看见一只雌金步甲在折腾一只雄金步甲。后者体形稍小，一看便知是只雄的。手术开始了。雌性攻击者微微掀起雄金步甲的鞘翅末端，从背后咬住受害者的肚腹末端。它拼命地又拽又咬。受害者精力充沛，但并不反抗，也不翻转身来。它只是尽力在往相反的方向挣扎，以摆脱攻击者那可怕的齿钩，只见它被攻击者拖得忽而进忽而退的，未见其他任何抵抗。搏斗持续了一刻钟。几只过路的金步甲突然而至，停下脚步，好像在想："马上该我上场了。"最后，那只雄性金步甲使出浑身力气挣脱开来，逃之夭夭。可以肯定，如果它没能挣脱掉的话，那它肯定就被那只凶残的雌性金步甲开了膛了。

几天过后，我又看到一个相似的场面，但结局是完满的。仍旧是一只雌性金步甲从背后咬一只雄性金步甲。被咬者没做什么抵抗，只是徒劳地在挣扎，以求摆脱。最后，皮开肉裂，伤口扩大，内脏被悍妇拽出吞食。那悍妇把头扎进其同伴的肚子里，把它掏成个空壳。可怜的受害者爪子一阵颤动，表明已小命休矣。刽子手并未因此心软，继续尽可能地往腹部深深掏挖。死者剩下的只是合抱成小吊篮状的鞘翅和仍旧连在一起的上半身，其他一无所剩。被掏得干干净净的空壳便被撇在原地。

金步甲们大概就是这样死去的，而且死的总是雄性，我在笼子里不时地看见它们的残骸。幸存者大概也是这般死法。从六月中旬到八月一日，开始时的二十五个居民骤减至五只雌性金步甲了。二十只雄性全都被开膛破肚，掏个干干净净。被谁杀死的？看样子是雌性金步甲所为。

首先，我有幸亲眼所见，可以为证。我两次在大白天看见雌性金步甲把雄的在鞘翅下开膛后吃掉，或至少试图开膛而未遂。至于其他的残杀，如果说我没有亲眼看见的话，我却有一个非常有力的证据。大家刚才全都看见了：被抓住的雄性金步甲没有反抗，没有进行自卫，而只是拼命地挣扎、逃跑。

如果这只是日常所见的对手之间的寻常打斗，那么被攻击者显然会转过身来的，因为它完全有可能这么做。它只要身子一转，便可回敬攻击者，以牙还牙。它身强力壮，可以搏斗，定能占到上风，可这傻瓜却任凭对手肆无忌惮地咬自己的屁股。似乎是一种难以压制的厌恶在阻止它转守为攻，也去咬一咬正在咬自己的雌性金步甲。这种宽厚令人想起朗格多克蝎，每当婚礼结束，雄蝎便任由其新娘吞食而不去动用自己的武器——那根能致伤其恶妇的毒螯针。这种宽容也让我回想起那个雌螳螂的情人，即使有时被咬剩一截了，仍不遗余力地在继续自己那未竟之业，终于被一口一口地吃掉而未做任何的反抗。这就是婚俗使然，雄性对此不得有任何怨言。

我喂养在笼子里的金步甲中的雄性，一个一个地被开膛破肚，一个不剩，这也是在告诉我们那同样的习性。它们是已经对交尾感到满足的雌性伴侣的牺牲品。从四月至八月的这几个月里，每天都有雌雄配对，有时是浅尝辄止，有的时候，而且比较经常的是有效的结合。对于这些火辣辣的性格来说，这绝对是没有终结的。

金步甲在情爱方面是快捷利索的。在众目睽睽之下，无须酝酿感情，一只过路的雄性金步甲便向一眼见到的雌性金步甲扑将上去。雌性金步甲被紧紧搂住，微微昂起点儿头来，以示赞同，而在其上的雄性金步甲便用触角尖端抽打对方的脖颈。迅即就交配完毕，双方立即分开，各自跑去吃蜗牛，然后又各自另觅新欢，重结良缘，只要有雄性金步甲可资利用即可。对于金步甲来说，生活的真谛即在于此。

在我养的金步甲园地里，雌雄比例失调，五只雌的对二十只雄的。但这并不要紧，没有什么争风吃醋的拼搏。雄性平和地占用、滥交遇上的雌性。有了这种忍让精神，早一天晚一天，机会多的是，经过多次相遇相试，每个雄性都能泄掉自己的欲火。

我本想让雌雄比例趋于合理的，但纯属偶然而非有意才造成这种比例失调的。初春时节，我在附近石头下捕捉遇上的所有的金步甲，不问是公是母，而且仅从外部特征去看也挺难辨出雌与雄来。后来，在笼子里喂养之后，我知道了，雌性明显要比雄性大一些。所以说，我那金步甲园地里的雌雄比例严重失调实属偶然所致。可以相信，在自然条件下，不会是雄性比雌性多这么多的。

再说，在自由状态之中，不会见到这么多金步甲聚在一块石头下面的。金步甲几乎是孤独生活着的，很少看见两三只聚在同一个住所里。我的笼子里一下子聚着这么多实属例外，而且还没有导致纷争。玻璃屋中场地挺大，足够它们爬来爬去，自由自在，优哉游哉。谁想独处就可以独处，谁想找伴儿马上就能找到伴儿。

再说，囚禁生活似乎并不怎么让它们感觉厌烦，从它们不停地大吃大嚼，每日一再地寻欢交尾就可以看得出来。在野地里倒是自由，但没这么受用，也许还不如在笼子里，因为野地里食物没有笼子里那么丰盛。在舒适方面，囚徒们也是身处正常状态，完全满足了它们的日常习俗。

只不过在这里同类相遇的机会比在野地里多。这也许对雌性来说是个绝妙的机会，它们可以迫害它们不再想要的雄性，可以咬雄性的屁股，掏光它们的内脏。这种猎杀自己的旧爱的情况因相互比邻而居而加剧了，但是肯定没有因此就花样翻新，因为这种习性并非一时兴起所造就的。

交尾一完，在野外遇见一只雄性的雌性金步甲便把对方当成猎物，将它嚼碎，以结束婚姻。我在野地里翻动过不少石头，可从未见到过这种场景，但这并没有关系，我笼子里的情况就足以让我对此深信不疑了。金步甲的世界是多么残忍呀，一个悍妇一旦卵巢中有了孕，无须情人时便把后者吃掉！生殖法规拿雄性当成什么，竟然如此这般地残害它们？

这类相爱之后同类相食现象是不是很普遍？目前来说，我已经知晓有三类昆虫是这么一种情况：螳螂、朗格多克蝎和金步甲。在飞蝗这个种族中，情况没有这么残忍，因为被吃掉的雄性是已经死了的而非活着的。白额雌螽斯很喜欢一点儿一点儿地嚼其已死的雄性的大腿。绿蝈蝈也是这种情况。

在一定程度上，这里面有个饮食习惯的问题：白额螽斯和绿蝈蝈首先都是食肉的。遇见一个同类尸体，雌虫总是多少要吃上几口的，不管它是不是其昨夜情郎。猎物就是猎物，没有什么情郎不情郎的。

可是素食者又是怎么回事呢？接近产卵期时，雌性距螽竟冲着它那尚活蹦乱跳的雄性伴侣下手，剖开后者的肚子，大吃一通，直至吃饱为止。一向温情可爱的雌性蟋蟀性格会突然变得暴戾，会把刚刚还给它弹奏动情的小夜曲的雄性蟋蟀打翻在地，撕扯其翅膀，打碎它的小提琴，甚至还对小提琴手咬上几口。因此，很有可能这种雌性在交尾之后对雄性大开杀戒的情况是很常见的，特别是在食肉昆虫中间。这种残忍的习性到底是什么原因促使的呢？如果条件允许的话，我一定要把它弄个一清二楚。

（本篇选自《昆虫记》原著第十卷）

意大利蟋蟀

导读

你是否在夏日夜深人静之时，听到过蟋蟀的鸣唱？作为“杰出的歌唱家”，意大利蟋蟀有时会从日落时分一直唱到深夜，为人们奉上一场场回味无穷的精彩“音乐会”。当然，沉醉之余，我们不禁要问：它们为什么会唱得这样动听呢？

我们这儿见不着面包铺和乡间灶屋间的常客的那种家蟋蟀。不过，如果说在我们村子里壁炉石板下面的缝隙里没有蟋蟀的叫声的话，那么作为补偿，夏夜的田野里却响着美妙的歌声，那是北方所听不到的。春季里，阳光灿烂时，田间地头的蟋蟀便唱起交响曲；夏日里，在夜阑人静时，则有树蟋蟀或称意大利蟋蟀鸣唱。一个是昼间蟋蟀，一个是夜间蟋蟀，它们平分那美妙的季节。在前者停止歌唱期间，后者便开始唱起小夜曲来。

意大利蟋蟀没有黑色外套，而且体形也无一般蟋蟀那种粗笨的特点。恰恰相反，它细长、瘦弱、苍白，几乎全白，正适合夜间活动的习惯要求。你捏在手里都生怕把它捏碎。它在各种小灌木上，在高高的草丛中，跳来蹦去，很少待在地上生活。从七月一直到十月，它们在日落时分开始歌唱，一直唱到大半夜，就像一场悦耳动听的音乐会。

这儿的人们都非常熟悉这种歌声，因为无论多小的荆棘丛中都有这种交响乐的演唱者。它们甚至还在粮仓里歌唱，那是因为运草料时把它们夹带了来，使它们迷了路，无法返回。这种苍白的蟋蟀习俗神秘，所以谁也不能确切地知晓是什么蟋蟀唱出这么好听的小夜曲，人们误以为是普通的蟋蟀唱的，可是这个季节普通蟋蟀尚小，还不会歌唱。

意大利蟋蟀的歌声是“格里——依——依”“格里——依——依”这种缓慢而柔和的声音，唱起来还微微发颤，使歌声更加悦耳动听。你一听就会猜想到它的振动膜是极其细薄而宽大的。如果它待在叶丛中无人惊扰的话，它的声音就不会变化，但稍有动静，这位歌手便立即改用腹部发声。你刚才听见它一直在你面前歌唱，可突然间，你听见的是它在那边二十步开外的地方继续鸣唱，但音量减弱了，你还以为是距离使然。

你跑过去，但什么也没发现，声音仍旧是从原来的地方发出来的。还不仅仅如此。这一次声音是从左边传来的，也许是从右边或者是从后面传来。你完全给弄糊涂了，无法凭借自己的听觉去辨别蟋蟀到底是在何处鸣叫的。你必须提着提灯，而且要极有耐心，还得小心翼翼，不出任何响动，才能在灯光的帮助下捉到这个歌唱家。我就如此这般地捉到了几只，放进笼中，从而多少了解了一点点迷惑我们听觉的演唱家的情况。

两片鞘翅都是由一片宽大的半透明干膜构成，薄如白色洋葱片，能够整个儿地震颤。鞘翅状如圆的一端，上端略小。圆的这一端按一条粗重纵翅脉折成直角，再以鞘翅凸边沿体侧往下，在蟋蟀休息时，包住其身体。

右鞘翅覆盖在左鞘翅上。右鞘翅内侧靠翅根处有一块胼胝（piánzhī，茧子），辐射出五条翅脉，两条冲上，两条往下，而第五条几乎呈横向，略微泛红，是基本部件，也就是琴弓，这从其上横向的细锯齿一看便知。鞘翅的其他地方还有几条不太粗的翅脉，功用在于绷紧薄膜，但不是摩擦器的组成部件。

左鞘翅，或者说下鞘翅，结构与右鞘翅相同，但区别在于琴弓、胼胝以及由胼胝辐射出去的翅脉位于上部的表面。此外，我们还可以看到左右两把琴弓呈斜向交叉。

当蟋蟀放声歌唱时，左右鞘翅高高地竖起，宛如一张薄纱船帆，只是内边缘相互接触。这时候的左右两把琴弓是彼此斜着咬合着的，它们相互摩擦便使得绷得紧紧的薄膜产生强烈的震颤。

根据每把琴弓是在另一个鞘翅的胼胝（其本身也是粗糙的）上还是在四条光滑的辐射翅脉中的一条上摩擦，蟋蟀发出的声音则有所不同。这也许部分地解释了为什么胆小的蟋蟀怀疑遇到危险时会用声音迷惑我们，让人觉得声音发自前后左右，难以捉摸。

声音的强与弱、响亮与沉闷变化，使人产生距离上的错觉，这是蟋蟀这个腹语者的高超艺术手段，而这种错觉的产生还有另一个原因，这是很容易发现的。声音响亮时，鞘翅是完全竖起的；声音沉闷时，鞘翅则多少有点儿下垂。当鞘翅处于下垂状态时，其外侧边缘不同程度地压在蟋蟀柔软的侧部，从而随之减小了振动部分的面积，声音也就随之变小。

用手指触摸敲响的玻璃杯，它便声音发闷，仿佛是从远处传来。灰白色蟋蟀深谙这个声学奥秘。当有人去捉它时，它便把振动片的边缘压在柔软的肚腹上，使人不知它身在何处。我们的乐器有制振器、消音器，意大利蟋蟀的制振器、消音器可与之媲美，而且结构简单，功效奇佳，胜我们一筹。

田间地头的蟋蟀及其同类昆虫也使用这种消音办法，把鞘翅边缘压在肚腹或高或低处，以减轻振动，但是它们中没有谁能像意大利蟋蟀的本事那么大，能产生如此神奇的效果。

我们的脚步声一靠近，哪怕是极轻极轻的，蟋蟀就会用这种办法对付我们，使我们产生错觉。除此之外，它的声音还非常纯正，带有柔和的颤音。仲夏夜，万籁俱寂时，还有哪种昆虫的鸣叫胜过意大利蟋蟀的？那么优美，那么清脆。我不知有多少次，席地躺在迷迭香花丛中躲着，偷听那美妙迷人的音乐演唱会啊！

我的花园里夜间歌唱的蟋蟀非常多。每一簇红花岩蔷薇都有其合唱队员；每一束薰衣草中也都有自己的乐队。那枝繁叶茂的野草莓树丛中，那笃蓐（rù）香树丛中，都成了蟋蟀们的演唱场地。这个小天地中的小生物们在以自己那优美清亮的声音彼此探问，相互应答，或者可以说是对别的歌手无动于衷，只是自顾自地在抒发自己的情怀。

高处，我头顶上方，天鹅星座在银河中伸长它那巨大的十字架；下方，就在我的四周，蟋蟀在演唱交响曲，此起彼伏，抑扬顿挫。唱出自己欢乐心声的这些小小的生命使我忘记了群星璀璨。天空中的那些眼睛平静冷漠地眨巴着，在看着我们，可我们对它们却一无所知。

科学告诉我们它们离我们有多远，它们的速度有多快，它们的体积有多大，它们的质量有多重，还告诉我们它们不计其数，令人惊愕不已，但是这并未使我们有一丁点儿的激动。为什么？因为科学缺少了那个巨大的秘密，即生命的秘密。天上有什么？太阳在温暖着什么？理性告诉我们，有一些类似于我们的世界，有一些生命在其间进行无穷变化的大地。这种宇宙观可谓宏大无比，却是一种观念而已，并没有确凿的根据。确凿的事实才是至高无上的，是看得见摸得着的。所谓“可能”，甚至“极其可能”，都不是“明显”，并不是显而易见、无懈可击的。

可我的蟋蟀们却是我的伴侣，它们使我感到了生命的颤动，而生命正是我们的灵魂。正因为如此，我才身子倚着迷迭香树篱，只是心不在焉地随意向天鹅座瞥上一眼，我的全部心思都集中在它们那小夜曲上了。

一小块注入了生命的能感受苦与乐的蛋白质，远远超过庞大的无生命的原料。

（本篇选自《昆虫记》原著第六卷）

成长启示

法布尔在写蟋蟀的时候，我们能明显感觉到他的文字饱含深情，这种深情不仅仅是出于对蟋蟀的喜爱，更是出于对生命的热爱。正是在这种感情的推动下，法布尔不辞辛劳地投入到对昆虫的观察研究中。无数的生命组成了这个丰富多彩的世界，人类只是其中的一员，我们不单单要热爱自己的生命，还要学会尊重和平等对待自然万物。

要点思考

1. 法布尔对意大利蟋蟀倾注了真情，这种感情你觉得用哪一个字来概括最准确？为什么？

2. 有人认为，本文前面的文字已经将意大利蟋蟀的情况都介绍清楚了，最后四个自然段没有存在的必要。你赞同这种说法吗？说说你的理解。

田野地头的蟋蟀

导读

为了更好地研究蟋蟀，法布尔在四五月份给蟋蟀配对，到了六月的第一个星期，母蟋蟀便开始产卵了。一只母蟋蟀一次能够产下五六百个卵，这些数量惊人的小蟋蟀出生后不久，就能迎来一场美妙动听的音乐会了。可万万没想到，等待它们的竟是凶残的杀戮……

谁想观看蟋蟀产卵都用不着做什么准备工作，只要有点儿耐心就行。布丰（1707—1788，法国博物学家、作家，进化思想的先驱者）说，耐心是一种天赋，我却谦虚地称为观察者的优秀品质。四月份，最迟五月份，我们给它们配对，单独放在花盆里，放一层土，压实。食物只是一片莴苣叶，要常常换上新鲜的。花盆上盖上一块玻璃，以防它们跳出来跑掉。

这种装置简单有效，必要时还可以加一个金属网罩，那就更加高级了，这样我们就可以获得一些极其有趣的资料了。我们以后再谈这些。眼下，我们要盯着看它产卵，必须时刻警惕着，不让有利时机溜掉。

我持之以恒的观察有了初步满意的结果是在六月的第一个星期。我突然发现母蟋蟀一动不动，输卵管垂直地插入土层里。它并不在意我这个冒失的观察者，久久地待在那同一个点上。最后，它拔出输卵管，漫不经心地把那小孔洞的痕迹给抹掉，歇息片刻，溜达了一会儿，随即便在其花盆内它的地界里继续产卵。它像白额螽斯一样重复干着，但动作要慢得多。二十四小时之后，产卵似乎结束了。为保险起见，我又继续观察了两天。

于是，我翻动花盆的土。卵呈淡黄色，两端圆圆的，长约三毫米。卵一个一个地垂直排列于土里，每次产卵的数目不等，有多有少，相互靠紧在一起。我在整个花盆的两厘米深的土里都发现有卵。我用放大镜勉为其难地尽量数清土里的卵，我估计一只母蟋蟀一次产卵有五六百个。这么多的卵肯定不久就会被大大地淘汰的。

蟋蟀卵真像是个绝妙的小机械。孵出后，卵壳似一只不透明的白筒子，顶端有一个十分规则的圆孔，圆孔边缘是一个圆帽，作为孔盖用。圆帽并非由新生儿随意顶开或钻破的，而是中间有一条特别线条，闭合不紧，可自动启开。看卵孵出会挺有趣的。

卵产下之后大约半个月，前端出现两个又大又圆的黑黄点，那是蟋蟀的眼睛。在这两个圆点稍高处，在圆筒子的顶端，出现一条细小的环状肉。卵壳将从这儿裂开。很快，半透明的卵就能让我们看到婴儿那孵化中的小样儿。这时候就必须倍加小心，增加观察次数，尤其是早晨。

幸运垂青有耐心的人，我的孜孜不倦终于有了报偿。稍稍隆起的肉在不停地变化着，出现了一拱就破的一条细线。卵的顶端被其中的婴儿的额头顶着，顺着那条细肉线抻着，像小香水瓶一样微微启开，分落两旁。蟋蟀便像小魔鬼似的从这个魔盒中钻出来了。

小魔鬼出来之后，壳儿还鼓胀着，光滑而完整，呈纯白色，圆帽挂在孔口。鸟蛋是由雏鸟喙上专门长着的一个硬肉瘤撞破的；蟋蟀的卵则是一个高级小机械，犹如一只象牙盒子似的自动启开。小蟋蟀额头一顶，铰链就启动，壳就张开了。

小蟋蟀一脱掉身上的那件精细外套，浑身发灰，几近白色，立刻便与上面压着的土搏斗开来。它用大颚拱土；它蹬踢着，把松软的碍事的土扒拉到身后去。它终于钻出土层，沐浴着灿烂的阳光，但它如此瘦小，不比一只跳蚤大，在弱肉强食的世界上经历风险。二十四个小时，它体色变化，成了一个漂亮的小黑蟋蟀，乌黑的颜色可与成年蟋蟀一争高下。原先的灰白色只剩下一条白带围着胸前，宛如牵着婴孩学步的背带。

它十分敏捷，用它那颤动着的长触须在探查周围空间；它奔跑，蹦跳，开心得很，以后体态发胖就不能这么欢蹦乱跳的了。它年幼胃嫩，该给它吃些什么呢？我全然不知。我像喂成年蟋蟀一样，拿嫩莴苣叶喂它。它不屑吃，或者也许是吃了点儿而我没看出来，因为它咬的印迹不明显。

不几天工夫，我的十对蟋蟀大家庭成了我的一大负担。一下子就是五六千只小蟋蟀，当然是一群漂亮的小家伙，可它们都需要如何照料我却一无所知，这叫我如何是好。

啊，我可爱的小家伙们，我将给予你们充分的自由，我将把你们托付给大自然这个至高无上的教育者。

我就这么办了。我找到花园里最好的一些地方，把它们这儿那儿地放生一些。如果它们一个个都活得很好，明年我的门前会有多么美妙动听的音乐会呀！但是，这美景并未出现，可能不会有什么美妙动听的音乐会了，因为母蟋蟀虽然大量产卵，但随之而来的是凶残的杀戮。幸存下来的很可能只有几对蟋蟀。

首先奔来抢掠这天赐美味、大开杀戒的是小灰壁虎和蚂蚁。尤其是蚂蚁这个可恶的强徒恐怕不会在我的花园里给我留下一只蟋蟀的。它抓住可怜的小家伙们，咬破它们的肚皮，疯狂地大嚼一通。

啊！该死的恶虫！可我们一直把它视为第一流的昆虫呢！书本上在赞扬，对它还赞不绝口；博物学家们把它们捧上了天，每天都在为它们锦上添花；动物界同人类一样，让自己威名远扬的办法有千万种，但最可靠的办法则是损人利己，这是千真万确的道理。

谁都不了解弥足珍贵的清洁工食粪虫和埋葬虫，可吸血的蚊虫、长毒刺的凶狠好斗的黄蜂以及专干坏事的蚂蚁却无人不知、无人不晓。在南方的村子里，蚂蚁毁坏房屋椽子（放在檩上架着屋面板和瓦的木条。椽，chuán）的热情如同它们掏空一棵无花果树一样。我无须赘述，每个人都能从人类的档案馆中找到类似的例证：好人无人知晓，恶人声名远扬。

由于蚂蚁以及别的一些杀戮者的屠杀之无情，我花园中开始时数量多多的蟋蟀日渐稀少，使我的研究难以为继。我只好跑到花园以外的地方去进行观察了。

八月里，在尚未被三伏天的烈日烤干的草地上一小块绿洲的落叶中，我发现了已经长大了的小蟋蟀，与成年蟋蟀一样全身墨黑，初生时的白带子已经全褪去了。它居无定所，一片枯叶、一片砖瓦足可以遮风避雨，犹如不考虑何处歇足的流浪民族的帐篷一样。

直到十月末，初寒来临，它才开始筑巢做窝。据我对囚于钟形罩中的蟋蟀的观察，这个活儿非常简单。蟋蟀从不在其中的一个裸露地点筑巢，而总是在吃剩的莴苣叶遮盖着的地方做窝，莴苣叶代替了草丛作为隐藏时不可或缺的遮檐。

蟋蟀工兵用前爪挖掘，利用其颚钳挖掉大沙砾。我看见它用它那有两排锯齿的有力的后腿在蹬踢，把挖出的土踹到身后，呈一斜面。这就是它筑巢做窝的全部工艺。

一开始活儿干得挺快。在我的囚室的松软土层里，两个小时的工夫，挖掘者便消失在地下了。它还不时地边后退边扫土地回到洞口。如果干累了，它便在尚未完工的屋门口停下来，头伸在外面，触须微微地颤动着。休息片刻之后，它又返回去，边挖边扫地又继续干起来。不一会儿，它又干干歇歇，歇息的时间也越来越长，我观察的劲头儿也随之减低了。

最紧迫的活计完成了。洞深两法寸，目前已够用了，余下的活计费时费力，得抽空去做，每天干点儿。天气日渐转凉，自己的身体在渐渐长大，巢穴得逐渐加深加宽。即使到了大冬天，只要天气暖和，洞口有太阳，也常常能看见蟋蟀在往外弄土，说明它在修整扩建巢穴。到了春光明媚时，巢穴仍在继续维修，不停地修复，直至屋主去世

为止。

四月过完，蟋蟀开始歌唱，先是一只两只，羞答答地在独鸣，不久便响起交响乐来，每个草窠里都有一只在歌唱。我很喜欢把蟋蟀列为万象更新时的歌唱家之首。在我家乡的灌木丛中，在百里香和薰衣草盛开之时，蟋蟀不乏其应和者：百灵鸟飞向蓝天，展放歌喉，从云端把其美妙的歌声传到人间。地上的蟋蟀虽歌声单调，缺乏艺术修养，但其淳朴的声音与万象更新的质朴欢快又是多么和谐呀！那是万物复苏的赞歌，是萌芽的种子和嫩绿的小草能听懂的歌。在这二重唱中，优胜奖将授予谁？我将把它授予蟋蟀。它以歌手之多和歌声不断占了上风。当田野里青蓝色的薰衣草如同散发青烟的香炉，在迎风摇曳时，百灵鸟就不再歌唱了，人们只能听见蟋蟀仍在继续低声地唱着，仍在庄重地歌颂着。

现在，解剖家跑来啰唆了，粗暴地对蟋蟀说：“把你那唱歌的玩意儿让我们瞧瞧。”它的乐器极其简单，如同真正有价值的一切东西一样；它与螽斯的乐器原理相同：带齿条的琴弓和振动膜。

蟋蟀的右鞘翅除了裹住侧面的皱襞以外，几乎全部覆盖在左鞘翅上。这与我们所见到的绿蝈蝈、螽斯、距螽以及它们的近亲完全相反。蟋蟀是右撇子，而其他的则是左撇子。

两个鞘翅结构完全一样，知道一个也就了解了另一个。我们来看看右鞘翅吧。它几乎平贴在背上，但在侧面突呈直角斜下，以翼端紧裹着身体，翼上有一些斜向平行细脉。背脊上有一些粗壮的翅脉，呈深黑色，整体构成一幅复杂而奇特的图画，形同阿拉伯文似的天书。

鞘翅透明，呈淡淡的棕红色，只是两个连接处不是如此：一个连接处大些，三角形，位于前部；另一个小些，椭圆形，位于后部。这两个连接处都由一条粗翅脉围着，并有一些细小的皱纹。第一处还有四五条加固的人字形条纹，后一处只是一条弓形的曲线。这两处就是这类昆虫的镜膜，构成其发声部位。其皮膜的确比别处的细薄，是透明的，尽管略呈黑色。

那确实是精巧的乐器，比螽斯的要高级得多。弓上的一百五十个三棱柱齿与左鞘翅的梯级互相啮合，使四个扬琴同时振动，下方的两个扬琴靠直接摩擦发音，上方的两个则由摩擦工具振动发声。所以，它发出的声音是多么雄浑有力啊！螽斯只有一个不起眼的镜膜，声音只能传到几步远的地方，而蟋蟀有四个振动器，歌声可以传到数百米以外。

蟋蟀声音亮度可与蝉匹敌，而且还不像蝉的叫声那么沙哑，令人讨厌。更妙的是，蟋蟀的叫声抑扬顿挫。我们说过，蟋蟀的鞘翅各自在体侧伸出，形成一个阔边，这就是制振器；阔边多少往下一点儿，即可改变声音的强弱，使之根据与腹部软体部分接触的面积大小，时而轻声低吟，时而歌声嘹亮。

只要是不爆发交尾期间本能的争斗，蟋蟀们便会在一起和平相处。但在求欢者们之间，打斗是家常便饭，而且互不相让，但结局倒并不严重。两个情敌相互头顶着头，互相咬脑袋，但它们的脑壳是一顶坚硬的头盔，能够顶住对方铁钳的夹掐，只见它俩你顶我拱，扭在一起，然后复又挺立，随即各自离去。战败者逃之夭夭；得胜者放开歌喉羞辱对方，然后转而柔声低吟，围着情人轻唱求欢。

求欢者很会搔首弄姿（形容卖弄姿容）。它手指一钩，把一根触须拽回到大颚下面，把它蜷曲起来，用其唾液作为美发霜在其上涂抹。它那尖钩、镶着红饰带的长长的后腿，焦急地跺着，向空中蹬踢着。它因激动而唱不出声来。它的鞘翅在急速地颤动着，却不再发出声响，或者只是发出一阵零乱的摩擦声。

求爱无果。母蟋蟀跑到一片生菜叶下躲藏起来。但是，它还是微微撩起门帘在偷看，而且也想被那只公蟋蟀看见。

它向柳树丛中逃去，
却在偷窥着求欢者。

两千年前的一首牧歌就是这么温情地唱颂的。情人间的打情骂俏到处都一个样儿！

（本篇选自《昆虫记》原著第六卷）

萤火虫

导读

“萤火虫，挂灯笼，飞到西来飞到东，就像一颗小星星……”这是一首广为流传的儿歌。在昆虫世界里，能发光的虫子很少，因此萤火虫以能发光而闻名。它的体形娇小，身姿轻盈，可是你知道吗？虽然它看起来弱小无害，却是个狠毒的肉食主义者呢！

在我们这个地区，萤火虫可谓无人不知，无人不晓，没有什么昆虫像它那么家喻户晓的了。这个人见人爱的小东西，为了表达生活的欢乐，竟然在屁股上面挂了一只小小的灯笼。炎热的夏夜里，没有人没见过它的。古希腊人把它称为“朗皮里斯”，意为“屁股上挂灯笼者”；法语中则称它为“发光的蠕虫”。其实，萤火虫绝对不是什么蠕虫，即使从外表上来看，它也不像蠕虫。它是可以用小碎步奔跑的昆虫。雄性萤火虫发育完全后，如同真正的甲虫一样，长着鞘翅。但雌性萤火虫却无此造化，享受不到飞翔的快乐，终身保持着幼虫的形态。不过，雄性萤火

虫在到达交尾期之前，形态也是不完全的。即使如此，称它为“蠕虫”也是不恰当的。法国有句通俗语，叫“像蠕虫一样一丝不挂”，用以形容身上未穿任何保护性的衣物。但是，萤火虫可是穿着衣服的，就是说它有略为坚韧的外皮，而且它还有斑斓的色彩，身体呈棕色，胸部呈粉红色，环形服饰的边缘还点缀着两个红红的小斑点。这哪儿会是蠕虫呢？

我们先来看看萤火虫以什么为生吧。萤火虫看上去既小又弱，像是于他人无害，可它却是个最小最小的食肉动物，是猎取野味的猎手，而且，捕猎时还相当狠毒。它的猎物通常是蜗牛。昆虫学家们早已知道萤火虫的这一习性。但是，我从他们书中的介绍中，总感到人们对这一点了解得很不充分，特别是对萤火虫奇怪的攻击方法，几乎是一无所知。

萤火虫在啃食猎物之前，先对它施以麻醉，使之失去知觉。它的猎物通常是很小的蜗牛，个头儿还没有樱桃大，是处于变形状态的蜗牛。夏日里，这种蜗牛一大群一大群地聚集在稻子和麦子的茎秆上，或者其他植物的干枯的长茎上，在上面一动不动地要待上整整一个炎热的夏季。正是在这种时候，在猎物处于这种状态中，我不止一次地观察到萤火虫对猎物发动攻击，对之施以灵巧的外科麻醉手术，使猎物在颤动着的茎秆上昏死过去，然后，对之下口，美餐一顿。

萤火虫对猎物的其他藏身处所也了如指掌。它经常飞到沟渠旁边，因为那儿土地潮湿，杂草丛生，是蜗牛喜爱的栖身之所。在这种情况之下，萤火虫便在地上对蜗牛施以麻醉术。我在家中也饲养了一些萤火虫，它很容易被捕捉到，也很容易喂养，因此，我可以仔细地观察研究这位外科医生做手术的详细过程。

我在一个大玻璃瓶里放上一些草，把捉到的几只萤火虫和几只蜗牛也放了进去。蜗牛个头儿正合适，不大不小，正在等待变形，正符合萤火虫的口味。我寸步不离地监视着玻璃瓶中的情况，因为萤火虫攻击猎物是瞬间的事情，转瞬即逝，不高度集中精力，必然会错过观察的机会。

我终于发现是怎么个情况了。萤火虫稍微探了探捕猎对象。蜗牛通常是全身藏于壳内，只有外套膜的软肉露出一点点在壳的外面。萤火虫见状，便立刻打开它那极其简单、用放大镜才能看到的工具。这是两片呈钩状的颚，锋利无比，细若发丝。用显微镜观察，可见弯钩上有一道细细的小槽沟。这就是它的工具。它用它的这种外科手术器械不停地轻轻击打蜗牛的外膜，其动作不像是在施以手术，而像是在与猎物亲吻。用孩子们的话来说，它像是在与蜗牛“拉钩”。它在“拉钩”时，有条不紊，慢条斯理，不慌不忙，每拉一次，都要稍事休息，似乎是在观察“拉钩”的效果如何。它“拉钩”的次数并不多，顶多五六次，就足以把猎物给制服，使之动弹不得。然后，它就要动嘴进食了，它很可能也是要用弯钩去啄，因为我几次都未观察清楚，所以对这一点我也说不太准。总之，萤火虫在施行麻醉手术时，动作麻利，立竿见影，快如闪电，不用问，它利用带细槽的弯钩已经把毒液注入蜗牛体内，使之昏死过去。

我检查了一下猎物。在萤火虫与蜗牛拉了四五下钩之后，我便立即从它口中夺下它的猎物，用针尖刺蜗牛的前部，亦即缩在壳内的蜗牛所暴露在外的身体。我没看到它有任何反应，仿佛是一具没了生气的尸体。

我还发现一个令我信服的例子。有一次，我幸运地看到一只蜗牛正在爬行，其足正在蠕动着，突然，萤火虫向它发动了袭击。蜗牛十分惊慌，乱动了几下，然后便一动不动了。它的脚不再爬行，身体的前部也失去了如同天鹅脖颈那种优美的弯曲状，触角软软地耷拉下来，如同一只折断了的手杖。它一直保持着这种状态。

蜗牛是否真的被蜇（zhē）死了呢？没有，根本没有。我可以让这只表面上看似已死的蜗牛活过来。我把这位处于半死不活状态下的病人隔离开来，给它洗了个澡，尽管这对于取得实验的成功并非绝对必要。

两天过后，这只被萤火虫施以麻醉术的蜗牛终于复活了，它又能动弹了，又有了感觉了。我用针尖刺它，它有反应，它开始蠕动，爬行，伸出触角，仿佛什么危险都没有发生过，像个没事人似的。那种昏昏沉沉、如死一般的全麻状态已经消失，它苏醒过来了。

对于蜗牛这样的一个与世无争、平和温顺的对手，萤火虫又何必先对之施以麻醉术呢？这使我想起了另一种昆虫，名叫德里尔虫，生活在阿尔及利亚。这种昆虫虽说不会发光，但其身体结构，尤其是在习性方面，与我国的萤火虫颇为相似。德里尔虫以陆生软体动物为食，它所捕食的是一种圆口类的动物。这种动物有着美丽雅致的陀螺形外壳。一块结实的肌肉把一个石质封盖固定在这种圆口类动物身上。这个石质封盖把甲壳闭合得严严实实。这个封盖是个活动的门。居于甲壳内的隐居者只需缩回身子，封盖便立即盖上。当隐居者想要外出时，此门也很容易打开。德里尔虫被黏附器（我们下面将会看到萤火虫也具有同等器具）固定在隐居者的甲壳表面，耐心地等待着、窥伺着，等着甲壳里面的隐居者憋不住，露出身子，便立刻冲到门边，把门挡住，使其关闭不上，自己则进入门内，占领了这个城堡。我并没有经常见到这种德里尔虫，但我认为，它的进攻策略与我们的萤火虫颇为相似。它钻进甲壳内，身子扭动几下，里面的隐居者也就丧失了反抗的能力。

我们还是回过头来谈谈我们的萤火虫吧。如果蜗牛在地上爬行，甚至就龟缩在壳里，萤火虫袭击它是很容易的事，因为蜗牛的壳没有封盖，而且，蜗牛身体的前部暴露在壳外，因此它无法自卫，很容易被伤害。即使蜗牛待在高处，紧贴在一棵禾本科植物的茎秆上，或者紧贴在一块光滑的石头上，袭击者无从下手，但是，只要是这个外界的封盖稍有缝隙，它仍然难逃厄运。

萤火虫施以麻醉术时，总是非常小心、轻手轻脚地对待它的猎物，不想引起对方的注意，免得它挣扎、乱动，从高处掉到地上。如果猎物掉到地上，萤火虫也就不会再想方设法地寻找它了，因为它只是依靠运气去捕捉落入口中的猎物，而不想费心劳神地去寻来找去。因此，萤火虫在发动袭击的时候，从不掉以轻心，总是小心谨慎地不让猎物感到疼痛，使其肌肉失去反应，否则猎物便会从高处掉下地来，到嘴的猎物便化为乌有了。由此不难看出，突然对猎物施以深度麻醉，一针见血，是它捕捉猎物的绝招。

萤火虫如何享用其猎物呢？它是不是真的在吃它？也

就是说，它是不是把蜗牛切成细小的碎块，然后用自己的所谓的咀嚼器把它们嚼烂、咽到肚子里去？我看并非如此。我所捕捉到的萤火虫，嘴上从未发现有固体食物的碎渣细末什么的。萤火虫的所谓“吃”，并不是真正意义上的那种吃，而是吮吸，如同蛆虫那样，把猎物化为汁液，然后吸入肚里。与双翅目昆虫爱吃肉的幼虫一样，萤火虫也是先把猎物变为流质，对之进行液化处理、加工，然后食之。我把我所见到的萤火虫“吃食”的过程介绍如下：

萤火虫对蜗牛施行了麻醉。它几乎总是单独操作，即使是遇到一只个头儿很大的蜗牛，它也不找助手。在它施行完麻醉手术后，总会有宾客不请自来，两三位，四五位，甚至更多。众宾客来到餐桌前，与食物的真正主人并无纷争，毫不客气地尽情享用，不分彼此。两天后，主人与食客都离去了，我便把蜗牛壳口冲下翻倒过来，只见壳里的东西如同锅口朝下倒浓汤似的，全流了出来。主客吃饱喝足了之后，不屑一顾地把残羹剩饭给撇下了。

事情很明显，我先前所说的“拉钩”之后，也就是萤火虫东一下西一下地轻轻拍击蜗牛之后，蜗牛昏死过去，然后，众宾客齐上阵，都在用特有的消化素对猎物进行加工，最后，蜗牛肉便变成了蜗牛肉粥了，接着，大家便一起尽情享用，尽兴而去。这样看来，萤火虫嘴上的那两只弯钩外表看上去并无保护层，是其进攻猎物的利器，刺入对方体内，注入麻醉药剂，并使对方的肉质液化，而这麻醉药剂很有可能就是萤火虫的体液。在放大镜下仔细地进行观察，可以很清楚地看到它的这种微型器械，可我认为它们却不像是钩子。它们的中心是空的，与蚁蛉（líng）的那对工具颇为相似；蚁蛉就依靠这种工具吸食猎物的肉，而并不把猎物肉切成小细块。不过，萤火虫又与蚁蛉的表现颇为不同：蚁蛉用餐完毕，会从沙地的漏斗状陷阱中抛出大量的丰盛食物；而萤火虫有液化装置，绝不糟蹋食物，或者说，几乎不糟蹋食物。二者掌握着类似的工具，但是，一个是用来吮吸猎物的血液，而另一个则采用液化设备，使食物变成流质，全部食之。

有时候，蜗牛所处的位置不太好，难以保持平衡，但是，萤火虫毕竟动作敏捷，不以为意，干净利落地就处理完了。我透过喂养着萤火虫的那个大口玻璃瓶，清楚地看到了全过程。大口瓶上盖着一块玻璃，蜗牛沿着玻璃瓶内壁往上爬，一直爬到瓶口边沿，停了下来，用少许黏液把壳体挂在那儿。它只是在那儿做短暂的停留，所以舍不得用太多的软体组织所生产出来的胶黏剂。这样一来，只要稍微震动一下瓶子，蜗牛壳口就会松脱，从粘的地方摔到瓶底上。

我看到瓶子里的那只萤火虫也在不断地往高处爬去，爬到蜗牛暂时停留的地方。它依靠某种攀缘器官沿着瓶子内壁爬着，这种攀缘器官弥补了萤火虫足爪此刻的功能缺陷。萤火虫已经来到了蜗牛的身旁，找到了一处可以下手的缝隙，便轻轻地拍击了几下躲在缝隙内的蜗牛，使之昏死过去，随即开动其液化装置，使蜗牛肉变为蜗牛肉汤，美美地吮吸起来。

当萤火虫吃饱喝足之后，蜗牛就剩下一个空壳了，肉没有了，汤也没有了。但是，这只空壳虽然只用了少许黏液粘在玻璃上，却并未开胶，仍然牢牢地粘在那里，没有丝毫的移位。壳中的那个隐居者没有挣扎，没有反抗，一点儿一点儿地从固态变成了液态，全都从萤火虫开始发起攻击的那个点上流了出来，流得干干净净，只剩下一个空壳了。由此，我们不难看出，萤火虫的麻醉手术之高超、之快速，简直是迅雷不及掩耳，让对方防不胜防。而且，我们还可以看出，萤火虫吃蜗牛的手段之奇妙，让人叫绝，都没有让蜗牛空壳从极其光溜而又垂直的玻璃瓶内壁上掉落下来，甚至都没让只有些许胶粘着的空壳有丝毫的晃动、移位，这真的是不可思议。

萤火虫要在玻璃上或草茎上攀爬，它那又短又笨的爪子显然是无法承担这一重任的，必须拥有一种特殊的工具。这种特殊工具必须不怕光滑，能攀住无法抓住的物体。萤火虫确实拥有这种特殊工具。它的后腿末端有一个白色的点，用放大镜仔细观察，可以看到那上面约有十二个很短小的肉刺，它们有时收拢起来，缩成一团，有时却又伸展开来，好似玫瑰花瓣。这就是它的吸附并移动的器官。萤火虫想要把自己附着在某个地方，甚至是个极其光滑的表面上，比如固着在禾本科植物的茎秆上，它就把这十二个短小的肉刺展开来，呈玫瑰花瓣状，就可以牢牢地铺展在所吸附的物体上了，用自己身体的黏性把自己紧紧地黏附在支撑物上。这个特殊器官通过抬高和放低，张开和闭合，帮助萤火虫行走。总而言之，可以说萤火虫是一个双腿残疾者，它在自己的后腿上放上一朵漂亮的白色玫瑰花，一种没有关节、可向四下里活动的有十二个趾肢节的爪子，而这种管状的趾肢节，并非抓住而是黏附着物体。这个器官还有一个用途，它可以当作海绵和刷子来使用。萤火虫在进餐之后，便用这把刷子刷头、背、尾及两侧。它之所以全身上下地刷来刷去，是因为它的脊椎很柔韧，可以弯来弯去，哪儿都能够得着。萤火虫在这儿进行全身擦拭时，非常仔细，一处不漏，足见它对这种运动颇感兴趣，乐此不疲。它这样做的目的究竟是什么呢？很显然，它这是要擦去沾在身上的灰土或者蜗牛肉的残渣剩汤。

如果萤火虫只会像亲吻似的轻拍蜗牛，对它施以麻醉术，而没有其他什么本领的话，那它也就不会这么出名，这么家喻户晓了。它真正名扬四海的原因，是它能在尾部亮起一盏灯。我们来特别仔细地观察一番雌性萤火虫吧。它在达到婚育年龄，在夏季酷热期间发出亮光的过程中，一直保持着幼虫状态。它的发光器是在腹部的最后三节处。其中的前两节的发光器呈宽带状，另外一个组群是最后一个体节的两个斑点。具有那两条宽带的只有发育成熟了的雌性萤火虫——未来的母亲用最绚丽的装束来打扮自己，这亮灿灿的宽带锃亮，以庆贺自己的婚礼，而在这之前，自刚孵化的时候起，它只有尾部的那个发光斑点，这种绚丽的彩灯显示着雌性萤火虫那惯常的身体变态。身体的变态使之长出翅膀，能够飞翔，从而宣告其生理演变过程的结束。这盏亮灿灿的灯点亮时，还标志着其交尾期即将来临。这之后，雌性萤火虫就没有翅膀了，不能再飞翔，一直保持着这种幼虫的可怜的卑屈形态，但是，它的那盏明灯却始终点亮着。

雄性萤火虫则有所不同，它得到了充分的发育，改变了形态，拥有鞘翅和翅膀。与雌性一样，从孵化时起，它的尾部就有这盏明灯。总之，萤火虫不管是雌性还是雄性，不管是处在发育时期的什么阶段，其尾部均可发光，这就是整个萤火虫大家族的一大特点。而且，这个发光点从背部或腹部都可以看见，但只有雌性萤火虫才有的那两条宽带，才在腹部下面发光。

我的手和眼仍然很听使唤，做起解剖来还算得心应手，因此，我便想解剖一下萤火虫的发光器官，以便彻底搞清楚其构造。我终于成功地把一根发光宽带的大部分给剥离开来。我在显微镜下仔细地观察了这条宽带，发现其上有一种白色涂料，由极其细腻的黏性物质构成。这白色涂料显然就是萤火虫的光化物质。紧靠着这白色涂料，有一根奇异的气管，主干很短却很粗，下面长了不少细枝，延伸至发光层上，甚或深入体内。

发光器受到呼吸气管的支配，发光是氧化所导致的。白色涂料提供可氧化的物质，而长有许多细枝的粗气管则把空气分送到这种物质上。现在，我很想搞清楚这个涂料的发光物质究竟为何物。起初，人们以为那是磷，还把它加以燃烧，以化验其元素，但这种办法并没获得理想的效果。显然，磷并非萤火虫发光的原因，尽管人们有时把磷光称为萤光。这个问题的答案肯定不在这里，而是另有原因。

萤火虫能够随意地散布它的光亮吗？它能否随意地增强、减弱、熄灭其亮光？它是怎么做的呢？它有没有一个不透明的屏幕朝着光源，能够将光源或遮住或暴露出来呢？现在，我们对这个问题的答案已知道得很清楚，萤火虫并没有这样的器官。这样的器官对它来说是没有用的，它拥有更好的办法来控制它的明灯。若想增强光的亮度，遍布光化层的光管就会加大空气的流量；如果它把通气量减少甚至停止供气，亮度就变弱，甚至熄灭。总之，这个机理与油灯的机理一样，其亮度是通过控制空气进入灯芯的量来调节的。

遇到激动的情况，气管就运作起来，灯也就亮了。需要加以区别的是光带和尾灯这两种情况的不同。其一，发光的是那漂亮的宽带，亦即已到婚育年龄的雌性萤火虫的独特的饰物；其二，也就是那盏尾灯，萤火虫无论雌雄，无论长幼，都在其最后一个体节上点着一盏小灯。在后一种情况下，由于突然的刺激而引起萤火虫的情绪变化，变得惊恐不安，这盏尾灯会完全地或近乎完全地熄灭。我曾经在夜晚捕捉过萤火虫，眼见那盏尾灯在草上发着亮光，可是，只要我稍不留神，碰着了那棵草，草一晃动，灯立即就熄灭了，我想要捕捉的这只昆虫也就不见了踪影。但是，发育完全的雌性萤火虫身上的宽光带，即使受到惊吓，也毫无影响，照样亮着。

我捉了几只雌性萤火虫，把它们关进笼子里，放到屋外，笼子旁边放了一把枪。我放了一枪，但枪声并未产生效果，光带依旧在发光，与没有放枪前一样明亮。然后，我又用喷雾器把水雾喷洒到它们身上，它们身上的光带依然光亮闪闪，没有一盏灯熄灭的，顶多也就是亮度有短暂的减弱而已，而且也只是个别的雌性萤火虫这样，并不是每只都如此。我猛抽了一口烟斗，把烟吹进笼子里，光带的亮度倒是更加弱了，甚至灭了一会儿，但时间非常短暂。很快，萤火虫便平静下来，恢复了常态，灯又亮了起来，而且比先前还要明亮。这之后，我又用指头抓住它，把它翻过来掉过去地折腾，又轻轻地摆弄它，只要是捏得不太重，它照旧在发光，亮度也保持不变。即将处于交尾期的萤火虫，对于自己的灯的光亮十分地沾沾自喜，没有极其严重的情况发生，它们是不会把自己的灯完全熄灭掉的。

从各种实验的结果来看，极其明显的是，萤火虫是自己在控制着身上的发光器，它可以随意地使之或亮或灭。不过，在某种情况之下，有无萤火虫的调节都无关紧要。我从其光化层上弄下来一块表皮，把它放进玻璃管里，用湿棉花把管口堵住，免得表皮过快地蒸发干了。只见这块表皮仍在发光，只不过其亮度不如在萤火虫身上那么强而已。在这种情况下，有无生命并不要紧。氧化物质，亦即发光层，是与其周围空气直接接触的，无须通过气管输入氧气，它就像是真正的化学磷一样，与空气接触就会发光。还应该指出的是，这层表皮在含有空气的水中所发出的亮光，与在空气中所发出的亮光的强弱一样。不过，如果把水煮开、沸腾，没了空气，那么，表皮的光就熄灭了。这就更加证明，萤火虫的发光是缓慢氧化的结果。

萤火虫发出来的光呈白色，很柔和，但这光虽然很亮，却不具有较强的照射能力。在黑暗处，我用一只萤火虫在一行印刷文字上移动，可以清楚地看出一个个字母，甚至可以看出一个不太长的词儿来，但是，在这小小的范围之外的一切东西，就看不见了。因此，夜晚，以萤火虫为灯看书，那是不可能的。

如果把一群萤火虫放在一起，彼此紧挨着，每只萤火虫都放着光，那么，它的光就会通过反射而可以照亮旁边的萤火虫，我们似乎也就能够看清一只只的萤火虫了。但是，事实又并非如此。这群萤火虫只是杂乱无章地聚集在一起，就算彼此离得很近很近，我们也无法看清萤火虫的模样，因为这所有的亮光把萤火虫全都混在了一起，成了模模糊糊的一片。

我通过照相技术非常清楚地证实了这种情况。我用钟形金属网罩罩住二十来只充分发光的雌性萤火虫，把它们置于露天地里。罩子里，有一丛百里香插在中央，形成一片小林子。夜晚时分，那二十来只雌性萤火虫全都爬到罩子顶上去了：它们在竭力地朝着各个方向展示着它们那发光的服饰。因此，沿着百里香小枝形成了一串串的花序。我指望这一串串花序能够对相板和相纸产生作用，但是，我却未能遂愿，只得到了一些不成形的白色斑点，根据萤火虫群体的不同情况，有些地方浓些，有些地方淡些，而萤火虫的模拟斑点却一点儿也没有显现，连百里香丛的痕迹也没有显现出来。因缺乏充足的光照，美妙如画的光彩只显现出一团模糊不清的黑乎乎的水浆似的东西来。

由此看来，雌性萤火虫的灯光并不是用来照明的。那么，它到底是干什么用的呢？我想，它是用来召唤情郎的。但是，雌性萤火虫的灯是在其肚子下面冲着地面发光的，而雄性萤火虫则是在随意乱飞，它是在上面，在空中，有时是在老远的地方往下看的，应该说它是看不见雌性萤火虫的那盏灯的。但是这种不正常的情况却被巧妙地予以纠正了。雌性萤火虫自有其高明的调情手段。每天晚上，天完全黑下来的时候，被我拘于钟形罩里的囚徒们就去我用来作为监狱的百里香丛中。到了这个花丛中，它们便爬到显现得很清楚的细枝上，不像在灌木丛下时那样老老实实、安安生生地待着，而是在那儿做着激烈的体操运动，一个个把小屁股扭来扭去，一颠一颠地，朝这边扭一下，再朝那边扭一下，把灯光向各个方向打去。这么一来，寻偶求欢的雄性萤火虫从附近经过时，无论是在地上还是在空中，肯定都能看到这盏随时都在亮着的灯。这一招，有点儿像捕捉云雀的旋转镜子的运作方式。这面旋转小镜静止不动时，云雀对它并无什么反应，但是，它只要一旋转起来，把它的光弄成迅速闪动的碎裂的光亮，云雀见了就会激动起来。

雌性萤火虫自有其召唤求欢者的绝招，而雄性萤火虫也不甘示弱，它有着一种光学器具，能够老远就看到雌性萤火虫那盏灯所发出的最微弱的光。其护甲胀大成盾形，大大地超出了头部，像帽檐或灯罩似的伸向前去，它的作用就在于缩小视野，把目光集中于需识别的光点上去。而在其颅顶下面，长着两只大眼睛，非常鼓凸，呈球冠形，彼此接近，中间只有一条狭窄的槽沟，以便收放触须。它的这个复眼几乎占据了它的整个面孔，缩在大灯罩所形成的空洞里，真像库克罗普斯（古希腊传说中的独眼巨人，掌管雷）的眼睛。

雌雄交配的时候，那盏灯的灯光会变弱，几近熄灭，只有尾部那盏小灯还亮着。春暖花开、暖意融融的时节，田野里，昆虫们都在求欢寻爱，低吟婚庆颂歌，陶醉于男欢女爱之中，萤火虫的这盏尾灯虽能通宵达旦地亮，也没有哪位去注意它的，不会发生任何危险。待交配完毕，萤火虫便立刻产卵，它们并无夫妻感情，也没有什么家庭观念，更没有慈母之爱，它把白白的圆圆的卵产在——或者更确切地说是抛撒在——随便什么地方。

有一点却是非常奇怪的：萤火虫的卵，甚至还在其母的体内时，就是发光的。如果我在捕捉时，一不小心，捏破了雌性萤火虫那装满了卵的肚子，就会看到一道道汁液，闪闪发光地流在我的指头上，好像我把一只装满磷液的囊给捏破了似的。我用放大镜仔细地进行了观察，那确实是被挤出卵巢的虫卵所发出的光亮。此外，临产时，卵巢里的萤光已经显现出来了，雌性萤火虫肚皮表面已经透出一种柔和的乳白色的光。

卵产下不久就会孵化。萤火虫幼虫雌的与雄的尾部都有一盏小灯。寒冬将至的时节，幼虫会到地下不太深的地方，顶多也就是三四法寸深。我在大冬天里，从地下挖出过几只幼虫，发现它们的尾灯一直亮着。四月将要来临，天气转暖，幼虫便钻出地面，继续完成其演化过程。

总而言之，我通过观察研究得知，萤火虫自生下来起，一直到寿终正寝为止，都在发光。它的卵在发光，它的幼虫在发光，雌性萤火虫亮着的是华丽的灯，雄性萤火虫保留着幼年时期的那盏已有的小灯。对于雌性萤火虫的光带的作用，我可以说是已经有所了解了，但是，它的尾灯又是干什么用的呢？我很遗憾地说，尚不得而知。昆虫物理学要比我们书本上的物理学更加深奥，这个问题可能在很长的时间里，甚至在永远的将来，也都会是个不解之谜。

（本篇选自《昆虫记》原著第十卷）

成长启示

萤火虫只是昆虫界中一个微不足道的存在，它的生命短暂，力量弱小。可是从出生到死亡，它一直用它那小小的身躯，不断散发着光芒，为炎炎夏夜增添了无限诗意。对我们来说也是一样，虽然我们每个人只是宇宙中一个渺小的存在，但只要敢于尽全力去实现自己的价值，那么我们终究会成为不平凡的人。

要点思考

1. “将两只大弯钩猛压下来，爪子一抓，双锯合拢，夹紧”，这是螳螂捕捉猎物的场景，那么萤火虫捕猎时是怎样的呢？试着从文中找出相关的句子。

2. “囊萤映雪”的故事你可能听过，对于以萤火虫为灯看书的做法，法布尔持什么样的态度？

圣甲虫

导读

说到粪便，光是想象，你可能就会捂住鼻子说“真恶心”。可你知道吗？有一种昆虫，它热衷于做粪球，还专门吃动物粪便里没消化的营养物质。更有意思的是，它还是个抢劫食物的强盗！

做窝筑巢、维护家庭，表现的是种种本能特性中最崇高的一种。鸟儿这灵巧的建筑师告诉了我们这一点，本领更加多样的昆虫也让我们见识了这一点。昆虫对我们说：“母爱是本能的崇高灵感。”母爱旨在维护族类长期繁衍，这是具有远胜于保护个体的更加利害相关的大事，因此母爱在唤醒最迟钝的智力，使之高瞻远瞩。母爱远远高于神圣的源泉，不可思议的心智灵光便孕育其中，并会突然迸射而出，使我们顿悟一种避免失误的理性。母爱愈坚，本能愈优。

在这一方面最值得我们关注的是膜翅目昆虫，它们身上凝聚着最充分的母爱。它们所有的本能才干都倾注于为自己的子孙后代觅食谋屋。为了其复眼再也看不到而其母爱之预见性深深知晓的家族繁衍，它们是种种天赋才能中的行家里手。有的是棉织品和许多絮状物品的编织能手；有的是细叶片篓筐的能工巧匠；有的是泥瓦匠，建造水泥房间、砖石屋顶；有的是陶瓷行家，用黏土制作高档的尖底瓮、坛罐和大肚瓶；有的擅长挖掘，在湿热的地下建造神秘的地宫。它们掌握着成百上千种技艺，与我们人类所掌握的相仿，甚至有些还不为我们所知，而它们却在用于住房的建设。随即便得考虑将来的食物：一堆堆的蜜，一块块的花粉糕，精心制作的野味罐头……这类的工程是专以家庭的未来为目的的，其中闪烁着在母爱激励之下本能的种种最高表现。

昆虫学范围内的其他一些昆虫的母爱一般来说都很浮皮潦草，敷衍塞责。大多数的昆虫，只是把卵产在合适的地方就不管了，任由幼虫冒着危险去寻觅居所和食物。抚养如此马虎，才干有没有也就无所谓了。来库古（古斯巴达共和国的著名立法者）把各种艺术统统从其共和国驱逐出去，他指责这些艺术是使人们萎靡不振、意志消沉的玩意儿。就这样，在以斯巴达方式养育的昆虫中，这些本能的高级灵感也就被去除掉了。母亲从温柔甜蜜的育婴中摆脱出来，那么一切特性中最最优秀的智能特性也就逐渐减弱，直至泯灭，因为的确是对于动物也好，对于人类也好，家庭是尽善尽美的源泉。

如果说对子孙后代关怀备至、体贴入微的膜翅目昆虫令我们赞叹不已，那么不顾后代死活，任其听天由命的其他昆虫相比之下就显得很不像话了。而所谓的其他昆虫则几乎是昆虫之全部，起码就我所知，在各地的动物志中，只见过第二个例子，这种昆虫为自己的家人准备食物和住所，比如采蜜的昆虫和埋野味篓的昆虫。

而奇怪的是，这类在细腻的母爱方面可与以花为食的蜂类相媲美的昆虫，竟然是以垃圾为对象，以净化被牲畜污染的草地为己任的食粪虫类。要想再找到不忘母亲职责又有丰富的母性本能的昆虫母亲，就必须离开芬芳四溢的花坛，转向大马路上被骡马拉下的粪堆。大自然中类似的两个极端比比皆是。对于大自然来说，我们的丑和美，我们的龌龊（wòchuò，不干净；脏）与干净算什么？大自然以污秽创造出鲜花，用一点点粪肥就能给我们创造出优质的麦粒。

各种食粪虫尽管成天与粪便打交道，却享有一种美誉。它们的身材一般都小巧玲珑，穿戴庄重而且无可挑剔地光鲜，身子胖乎乎的，呈短壮体形，额头和胸廓上都佩戴着奇异饰物，因此在收藏家的标本盒里显得光彩照人，尤其是我国的那些品种，乌黑油亮，外加一些热带的品种，金光闪烁，黑紫油亮。

它们是畜群的挥之不去的客人，但它们身上可散发出一种苯甲酸的微微香气，可以净化一下羊圈里的空气。它们那田园诗般的习性令昆虫分类词典的编纂者们大为震惊，因此这些以前不怎么关心其痛痒的学者，这一回却改变了看法，对它们进行简介时也用上了一些听起来好听顺耳的名字：梅丽贝、迪蒂尔、阿曼达、科利冬、阿莱克西丝、莫普絮斯等。这些名字都是古代田园诗人们常用且叫响了的名字。维吉尔式的田园诗中的词汇用来赞颂食粪虫了。

一堆牛粪堆上，瞧那个你争我夺的劲头儿呀！从全球各地蜂拥到加利福尼亚的淘金者们也没有它们的那股狂热劲儿。在太阳太毒之前，它们成百成百地奔来，大大小小，形状各异，体形有长有短，品种齐全，全都乱糟糟地爬来滚去，意欲在这块大蛋糕上为自己分上一份儿。有的在露天干活儿，在表层搜刮；有的钻进厚实的牛粪堆里，挖出地道，寻找优质矿脉；有的开凿底层，立即把财宝埋进地里；那些个头儿小又无力气的则待在一旁捡拾其身强力壮的合作者们掉下的渣渣屑屑什么的。有几个新来的想必是饿得不行，在原地就吃上了，但大多数则是想大捞一把，藏于安全之处，以备不时之需。当你想置身于百里香遍地的原野时，一点儿新鲜牛粪都见不到，突然来到这里，见到这么大堆大堆的宝物，那真是天赐之物呀，只有有福分的才会这么幸运。因此，它们便把今天这宝贵财富小心谨慎地收藏起来。粪香四溢，方圆一千米都能闻到，食粪虫们闻讯纷纷赶来，抢夺、瓜分这些美味食品。有几个落在后面的又跑又飞地正忙着往前赶哩。

那个生怕到得太晚而向着粪堆一溜儿小跑的是哪位？它那长长的爪子僵硬笨拙地倒腾着，仿佛其肚腹下面有一个机械在推动着似的；它的那对棕红色小触角大张开来，透着垂涎欲滴的焦急不安。它在拼命地赶，它赶到了，还撞倒了几位食客。它就是圣甲虫，一身墨黑，是食粪虫中个头儿最大又最有名气的一种。古埃及对它尊崇备至，把它视作长生不老的象征。它已入席，与其同桌的食友并肩战斗，其食友们正在用自己宽大的前爪心轻轻地拍打粪球，进行最后的加工，或者再往粪球上加上最后一层，然后抽身而去，回家安安心心地享用自己的劳动成果。我们来看一看那有名的粪球的一道道制作工序。

圣甲虫头部边缘是个帽子，宽大扁平，上面有六个细尖齿，排成半圆。这就是它的挖掘和切割工具，是它的叉耙，可以用来撬起和抛撒无养分的植物纤维，把好东西耙在一起积聚起来。挑选食物就是这样进行的，因为对于这些精细的行家来说，什么好什么差它们是十分清楚的。如果圣甲虫是为自己寻找食物的，它们选个差不离儿就行了，但如果是为了自己的孩子考虑的，那它们则会严格挑选，一丝不苟。

为解决自己的食物问题，圣甲虫并不挑剔，粗略地选一选就行了。它用带齿的头盔拱一拱，挑一挑，去除不需要的，然后把其他的归拢一下就得了。两条前腿一起用力地忙活。其前腿是扁平的，弯成弓形，上有粗壮的纹脉，外侧配备着五个硬齿。假如需要用力，推开障碍物，在粪堆中的最厚实的部分清出一条道来，圣甲虫便用肘力，也就是说用其带齿的前腿左扫右拨，再用齿耙（碎土、平地的农具。耙，bà）用力一耙，便清出一个半圆形的空地来。场地清好之后，前腿还有另一种工作要做：把顶耙耙到的东西归拢在一起，弄到自己肚腹下面的后面四只爪子之间去。这后面四只爪子是生来就为了做旋工工作的。这些足爪，尤其是那最后的一对，又细又长，微微弯曲成弓形，顶端长有一只很锋利的尖爪。稍许看上一眼就会知道它们酷似圆规，在其弧形支脚之间，环成一种球形，可测量球面，加工球形。它们的功用确实是加工粪球的。

食物一耙一耙地被耙到肚腹下面的四条腿中间，后腿再稍一用力，就把粪球的雏形按腿部曲线给挤压成了。然后，这雏形粪球不时地被四条后腿形成的两副圆规摇动、挤压，逐渐变小变实，再由肚腹加工，粪球的形状臻于完善。如果粪球表层太硬，有剥落的危险的话，如果某一部分纤维太多，无法旋的话，前腿就对不合适的地方进行再加工，它们用宽大的拍子轻轻拍打粪球，使得新添加的东西与原先拍得很实的部分合二为一，并把那些不易粘贴的东西拍实在粪球上。

烈日当空，加工工作在紧张地进行，你可以看到旋工的活儿干得多么利索，让你肃然起敬。那活计如此这般飞快地进行着：一开始是个小弹丸，现在变成了一粒核桃，不一会儿就有苹果一般大小了。我曾见过食量大的圣甲虫竟然旋出一个拳头大小的粪球。这肯定得花好几天的工夫。

储备的食物制作完毕，现在就得撤出混乱的战场，把食物运到合适的地方。这时候圣甲虫最令人惊奇的习性开始展现出来了。圣甲虫迫不及待地上路了；它用两条长后腿搂住粪球，而后腿尖端利爪则插入球体中去，当作旋转轴；它以中间的两条腿作为支撑，而以前腿带护臂甲的齿足作为杠杆，双足轮流着地按压，弓身，低头，翘臀，倒退着运送粪球。后腿是这部机器的主要部件，它们在不停地运作；它们一来一回，变换着足爪，以调整轴心，让负载物保持平衡，并在其一左一右地交替推动之下，把粪球往前滚动。这样一来，粪球表面各点都轮流地接触地面，使之不停地碾压，形状更加完美，而球面硬度因均匀地受压而趋于一致。

使劲儿呀！行了，它滚动了，它一定会被运到家的，当然少不了遇上困难。这一个困难说来就来，但还不算严重：圣甲虫碰到了一个斜坡。沉重的粪球要顺着斜坡滚下去的，但是圣甲虫认准了自己的理儿，偏要横穿这条天然道，这可够大胆的，稍一失足，稍踩到一点儿碍事的沙子，就会失去平衡，就前功尽弃了。果不其然，它脚下一出溜儿，粪球便滚到沟里去了；圣甲虫被滑落的粪球一带，弄了个仰面朝天，手脚乱蹬乱踢的。它终于翻转身来，追赶粪球。它的机器更加卖力地工作起来。——该当心点儿了，傻蛋儿；沿着沟底走，既省力又保险；沟底路好走，特别平坦；你不用太用力，粪球就能滚动向前的。——可是圣甲虫就是不听，它偏要向着那个对它来说是不祥之物的斜坡。也许再登高处对它来说是合适的。对此我无话可说，因为就身居高处的优越性而言，圣甲虫的看法比我的看法更有远见。——可你至少该走这条道呀，那是个缓坡，你很容易从那儿爬到顶上的。——它根本就不听，如果有什么很陡的、无法攀登的斜坡，那个顽固的家伙就偏偏选中它。于是，西齐弗斯（希腊神话中的人物。因种种罪孽，受到宙斯重罚，在地狱无休止地把一块巨石推上山去。每当快推到山顶时，巨石又将滚下来，如此循环不止。也译作西西弗斯）的工作开始了。它小心翼翼地，一步一步地，艰难万分地往上滚动那巨大的粪球。它一直是倒退着在推动。我在寻思，它是运用何种稳定神功把这么个庞然大物稳定在斜坡上的。啊！稍一协调不好，它便白忙活了半天：粪球滚落下去，把它也连带着摔下去了。然后，它又开始往上爬，不一会儿又摔了下去。它随即又往上爬，这一次走得挺好，艰难路段总算通过了，原来是一个禾本科植物的根在作怪，让它摔下去好几次，这一次它谨慎地绕开了这个该死的根。再使一把力就到顶了，但要小心再小心啊。坡陡道艰，稍有不慎便前功尽弃。你瞧，脚踩在光滑的卵石上，一滑，粪球和圣甲虫一起连滚带翻地又掉下去了。可圣甲虫又开始往上爬，仍旧坚忍不拔，没有什么能使它气馁（失掉勇气。馁，něi）的。十次、二十次地试着这老也爬不上去的攀登，最后，它或者是以顽强的意志战胜了千难万险，或者是经过更加缜密的思考，承认自己先前所做的无谓的努力，它选择了平坦的路径，终于如愿以偿，完成了任务。

圣甲虫并不总是单独地运送那珍贵的粪球，它经常要找一位同伴相助，或者说得更确切一些，是同伴主动跑来帮忙。一般情况下是这么干的：一个圣甲虫制成了粪球之后，便爬出纷乱熙攘的群体，倒退着推动自己的战利品离开工地，最晚赶来的那些圣甲虫有一个在它的身旁，刚开始在制作自己的粪球，便突然放下手中的活计，奔向滚动着的粪球，助那个幸运的拥有者一臂之力，后者似乎很乐意接受这种帮助。这之后，这两个同伴便联手干起活儿来。它俩争先恐后地努力把粪球往安全的地方运去。在工地上是否果真有过协议，双方默许平分这块蛋糕？一个在揉制粪球时，另一个是否在挖掘富矿脉以提取原料，添加到共同的财富上去呢？我从未看到这种合作，我一直看到的只是每只圣甲虫都独自地在开采地点忙活着自己的活计。因此，后来者是没有任何既定权益的。

那么，是不是异性间的一种合作，是一对圣甲虫在忙着成家立业？有一段时间，我确实这么想过。两只圣甲虫，一前一后，激情满怀地在一起推动着那沉重的粪球，这让我想起了以前有人手摇风琴唱着的歌儿：为了布置家什，咱们怎么办呀？——我们一起推酒桶，你在前来我在后。通过解剖，我便丢掉了这种恩爱夫妻的想法。圣甲虫从外表上看是分不出雌雄来的。因此我把两只一起运送粪球的圣甲虫拿来解剖，我发现它们往往是同一个性别的。

既无家庭共同体，也无劳动共同体。那么这种表面上的合伙存在的理由是什么呢？理由很简单，纯粹是想打劫。那个热心的同伴假借着帮一把手，其实是心怀叵测，一有机会便抢走粪球。把粪粒制成球既累人又要有耐心；如果能抢个现成的，或者至少强行入席，那可就合算得多了。如果主人没有警惕，帮忙者就可抢了粪球逃之夭夭；如果主人的警惕性很高，那就以自己也出了一份力为由而二人同席。这一手怎么都可获益，因此抢掠就成了收效最好的一种手段。有的就阴险狡猾地这么去干了，正如我刚才所说的那样：它们兴冲冲地去帮一位同伴，其实后者根本用不着它们帮忙，而且它们装着好心好意，实际上心里暗藏杀机。还有一些圣甲虫，也许更加大胆，更加相信自己的实力，干脆直奔主题，强行抢走他人的粪球。

这种抢劫行径无处不在。一只圣甲虫独自推动着自己通过努力劳动所获得的合法收益安静地离去了。另外一只，也不知是从哪里冒出来的，飞来抢夺，身子重重地落下，把被烟熏了似的翅膀收在鞘翅下面，然后挥起带锯齿的臂甲的背面扇倒粪球的主人，后者正在忙着推动粪球，根本就无招架之力。当受袭者拼命挣扎，重新站稳脚跟时，攻击者已经立于粪球高处，那是击退对手的最有利的位置。它把臂甲收回胸前，准备迎敌，以防不测。失窃者围着粪球转来转去，寻找有利的出击点；盗窃者则立于城堡顶上不停地转动，始终面对着失窃者。如果失窃者立起身来攀登，盗窃者便朝前者的背部猛地一击。如果进攻者不改变策略来收回失物的话，那防守者因占据城堡高处，必将一次次地挫败对手的进攻。这时，进攻者企图把城堡及其守卫一并推翻。粪球底部受到摇晃，开始缓缓滚动起来，盗窃者也随着滚动，但它想尽办法始终立于粪球顶上。它做到了，但并非始终如此。它在不停地急速跟着转动，使自己保持平衡。万一脚下一滑，优势没了，那就只好与对手短兵相接，双方身体对身体，胸部对胸部，你顶我撞开来。它们的爪子绞在一起，节肢缠绕，角盔相撞，发出金属锉磨的尖厉之声。然后，把对手掀翻，挣脱开来的那一位便匆忙爬上粪球顶端，抢占有利地形。围困又开始了，忽而抢掠者被包围，忽而被抢者受包围，这全由肉搏时的胜败来决定。抢劫者无疑贼胆包天且敢于冒险，往往占据上风。因此，被抢劫者经过两次失败之后，便失去斗志，明智地回到粪堆去重新制作一个粪球。而那个抢劫得手者非常害怕已解除的险情会重新出现，便把抢掠来的粪球，赶忙往自己觉得保险的地方推去。有时候，我还看见有第二个抢劫者突然飞临，抢掠前一个窃贼的赃物。说心里话，我对它并不反感。

我徒劳无益地在寻思，那个把“财产即赃物”这个大胆的谬语狂言运用到圣甲虫的习俗中的蒲鲁东（法国经济学家、社会学家，无政府主义创始人之一。他在代表作品《什么是财产》中提出“财产就是盗窃”的论点）是何许人也？那个把“武力胜过权力”的野蛮法则在食粪虫中加以发扬光大的外交家是谁？由于手头缺少资料，我无法追本溯源地探清这些习以为常的抢劫行径，无法搞明白这种为了抢夺粪团而滥用武力的缘由，我所能肯定的只是抢劫骗取是圣甲虫的一种惯用伎俩。这些运送粪球的昆虫相互间你抢我夺，毫无顾忌，我还真没有见过其他昆虫这么厚颜无耻地干过。干脆，我把这种昆虫心理方面的问题留给未来的观察者们去探索吧，我还是回过头来谈谈那两个合伙运送粪球的家伙。

尽管用词不甚贴切，我还是称那两个合作者为合伙运送者。它们中一个是强行入伙，而另一个则也许是无可奈何地接受的，生怕会遇到更大的不测。它俩的相逢倒还算和气。合伙者到来之时，物主正一门心思在干自己的活儿；新来者似乎怀着最大的善意，立即投入工作。二人一推一拉，相互配合。物主占着主导位置，担当主角：它从粪球后面往前推，后腿朝上脑袋冲下。那个帮手则在前面，姿势与前者相反，脑袋朝上，带齿的双臂按在粪球上，长长的后腿撑着地。它俩一前一后把粪球夹在当中，粪球就这么滚动着。

它俩的配合并不总是很协调的，尤其是因为帮手背对路径，而物主的视线又被粪球遮挡住了。因此，事故频仍，摔个大马趴是常有的事，好在它们也泰然处之，摔倒了立即爬起来，仍旧是各就各位，各司其职。即使是在平地上，这种运输方式也是事倍功半的，因为二人的配合无法天衣无缝，其实只要粪球后面的一个圣甲虫干，也照样会干得很快，而且干得更利索。那个帮手虽然差点儿弄得无法运送，但在表现出自己的善良意愿之后，决定稍事休息，当然，它不会放弃它已视作自己的财产的那个宝贝粪球。摸过的粪球就是自己的粪球。但它也不会掉以轻心贸然从事的，否则对方会把它给晾在那儿。

它把腿收回到肚腹下面，身子贴在（可以说是嵌在）粪球上，与之浑然一体。粪球和这个贴在其表面的帮手在合法主人的推动下一起往前滚动着。粪球在它的身下，随着粪球的滚动，它忽而在上，忽而在下，忽而在左，忽而在右，它毫不在乎。它就是要帮忙帮到底，而且是默默无闻的。这种帮手真少见，让别人用车推着自己，还要得一份儿酬劳！这时，前方遇到一个大斜坡，它只好帮一把手了。行到陡坡上时，它当上了排头兵，只见它用自己那带齿的双臂猛拽住笨重的大粪球，而其同伴——那个物主则在下方拼命抵住，一点点地往上顶着。我看见这两个合伙者，就这样一个在上方拽着，一个在下方顶扛着，配合十分默契地往坡上爬着，如果没有二者的通力合作，光靠一个是怎么也无法把粪球推上去的。但是，并非所有的圣甲虫在这一艰难时刻都会表现出同样热情的。有一些圣甲虫在攀爬斜坡这种必须通力合作才行的时刻，似乎根本没有看见有困难要克服似的。当倒霉的西齐弗斯在拼了小命试图越过障碍时，另一位则高高在上，稳坐钓鱼台，与粪球一起滚下，一起滚上。

我们假定那只圣甲虫很幸运，找到了一个忠实的合伙者，或者更好一些，假定它在途中没有碰上不请自来的同类。那么，一切就绪，可以进行下一步了。地窖已挖好，是一个在松土地上挖的洞，通常是在沙地上挖，洞不深，有拳头般大小，有一条细道与外界相通，细道大小正好够让粪球进入。粮食一入地窖，圣甲虫便躲在家里，用藏于角落里的杂物把地窖入口堵住。大门一关，从外面根本看不出这里的下面有个宴会厅。大功告成，它高兴万分；宴会厅里全都美妙绝伦！餐桌上摆满了奢华食物；天花板遮挡住当空烈日，只让一丝温馨湿润的热气透进来；心平气静，环境幽暗，外面的蟋蟀发出阵阵合唱声，这一切都有助于肠胃功能的发挥。我神思恍惚，突然觉得自己俯身于地窖门口，只觉得有海洋女神该拉忒亚的歌剧（这部歌剧是根据希腊神话编写的，在神话中，牧童阿西斯被巨人波吕斐摩斯碾死于石下，阿西斯的爱人海妖该拉忒亚施法，使碾死阿西斯的地方成为一口滚沸的喷泉）中的那段著名唱段隐约传来："啊！周围的一切都在忙忙碌碌时，无所事事是多么美妙。"

谁敢去打扰这样一个在宴席上怡然自得的家伙呀？但是，有想探个究竟的欲望的人是什么都干得出来的，而这种胆量，我就有过。我把我私闯民宅的情况记录在此。我看到光一个粪球就几乎把宴会厅塞满了，这奢华的食物下抵地板上顶天花板。一条狭小的通道把粪球与墙体隔开。食者就在通道上用餐，顶多是两位，经常是独自一人，肚子贴在餐桌上，背顶着墙壁。座位一旦选好，食者就不再挪动了，然后便放开嘴吃起来，没有一点儿小的争吵，那样会少吃上一口的；也不挑挑拣拣的，否则就会浪费食物。一切都得按先后次序，一丝不苟地穿肠过肚。看到它们如此虔诚尽心地围着粪球在吃，你会以为它们意识到自己在完成大地净化的工作，它们知道自己投身的是那种以粪肥培育鲜花的精细化学工程，鲜花让人赏心悦目，圣甲虫的鞘翅能点缀春意盎然的草坪。马、牛、羊尽管消化系统很完美，但它们的排泄物中仍留有未消化的残留东西，而圣甲虫则把它们留下的那些残留物质加以利用，为此，圣甲虫就必须具备一套完整的工具。果然，通过解剖我惊叹地发现它的肠道出奇地长，盘来绕去，使得进入的食物可以慢慢地被吸收，直至最后一个可以利用的颗粒被消化掉为止。因此，食草动物未能吸收的东西，食粪虫类昆虫的高效蒸馏器却可从中提取一些财富，而这些财富稍加处理，就变成了圣甲虫的墨黑的铠甲和其他食粪虫类昆虫的金黄色的和赤红色的胸甲。

不过，这种令人赞叹不已的垃圾处理工作得在最短的时间内完成，这是环境卫生所限定的。而圣甲虫就具有这种也许其他昆虫所没有的很强的消化能力。一旦食物进入地窖里，圣甲虫便日夜不停地吃着，直到把食物消灭干净为止。当你有了一定的实践经验，把圣甲虫关在笼子里养是很容易的。我就是采用了这种办法获得了这些资料，这对著名的圣甲虫的高效消化功能的了解大有裨（bì）益。

整个粪球就这么一点儿一点儿地依次通过消化道，然后，圣甲虫隐士便爬出地面，寻找机遇，找到后，便再做粪球，一切就又重新开始了。

有一天，天气很热，闷热无风，这种氛围很适合我喂养的圣甲虫们大快朵颐。于是，我手里拿着表，守在一个露天进食者面前仔细观察着，从早上八点一直盯到晚上八点。这只圣甲虫似乎遇上了一块颇对胃口的食物，整整十二个小时，它都没停止过咀嚼，始终待在餐桌前的同一个地点一动不动地吃个没完。晚上八点钟时，我最后看了它一次。只见它的胃口始终未减，那样子像刚开始吃时一样起劲儿。这宴席还持续了一段时间，直到整个食物全部被消灭干净为止。第二天，那只圣甲虫确实没再待在那儿了，头一天大嚼个没完的那块食物只剩下点儿渣渣末末了。

时针转了一圈还要多，这么长的一幕就是进餐，狼吞虎咽，精彩至极，那消化的一幕则更是妙不可言。圣甲虫前头不停地吃，后头则不断地排泄，那已不再含营养成分的排泄物连成一条黑色细线，如同鞋匠的细蜡绳。它是边吃边排泄，足见其消化之神速。刚一开始咀嚼，它那拔丝机便运转起来，直到最后几口吃完之后，这机器才停止运转。那根细蜡绳从头到尾没有出现断头，始终挂在排泄口上，下面的则已盘成一堆，只要没有干透，就可以轻易展开来成为一条细长绳。

排泄的过程如同秒表一般精确。每隔一分钟，更精确地说是四十五秒，一小节排泄物便出来了，细绳则增长三四毫米。等细绳长到一定程度，我便把它截断，放在刻度尺上量其长度。我测量的结果：十二小时后，细绳的长度为二点八八米。晚上八点，我是提着提灯最后一次去察看的，这之后，圣甲虫又继续吃消夜，所以进餐与制绳工作又持续了一段时间，而圣甲虫拉成的那根没有断头的细长绳总长约为三米。

知道了绳长及其直径，排泄物的体积很容易便能测算出来。而要测出圣甲虫的精确体积也不难，只要把它放入有水的量筒，查看一下水位线即可。所获得的数据并非没有意义：这些数据告诉我们，圣甲虫一次连续十二个小时的进食竟消化掉几乎与自己的体积相等的食物。多么好的胃呀，而且消化能力这么强，消化速度又这么快！一开始咀嚼，排泄物便立即被消化成细绳状，不停地拉长，直到进餐结束。在这台也许从不失业的蒸馏器里（除非加工的原料出现短缺），原料一进入，立即由胃囊进行加工，吸收殆尽，然后排出。这使我不由得想到，这么一座如此高效地清除垃圾的实验室在环境卫生方面是可以起点儿作用的。

（本篇选自《昆虫记》原著第一卷）

成长启示

“大自然以污秽创造出鲜花，用一点点粪肥就能给我们创造出优质的麦粒”，圣甲虫虽然以脏臭的粪便为食，但它能净化环境，是自然界的“清洁工”。这启发我们，在判断事物和他人的好坏、美丑时，要从多个方面进行考察，不能只看表象，而要深入内核，这样才能真正地认识事物和他人。

要点思考

1. 圣甲虫在运粪球回家时，常常会遇到抢劫者，这个抢劫者的形象是怎样的？

2. 圣甲虫一旦把粪球运回地窖，就开始日夜不停地吃，但它不会消化不良，这种习性必须依托于它的哪一项能力？

西班牙蜣螂

导读

西班牙蜣螂和其他食粪虫站在一起毫不起眼，但它制作食材的手艺却高超极了。雌性西班牙蜣螂身上洋溢着浓浓的母爱，为了子女甘愿忍饥挨饿，一刻不懈地守护在它们身边，可谓是一位尽职尽责的好母亲……

产卵是昆虫的一种本能表现，而人通过经验和研究之所得的理性促使昆虫去做这件事，这一点可不是哲学微不足道的道理所产生的结果。因此，受到科学之严谨的启迪，我凡事都要谨慎对待。我这并不是要给科学一副令人憎恶的面孔，因为我相信人们能够不使用一些粗俗的词也可以讲出一些绝妙的事情来。清晰明白是要笔杆子（用笔写作）的人的高尚手段。我要尽可能地做到这一点。因此，使我停笔思考的那种谨慎是属于另一个范畴的。

我在问自己，我这是不是受到一种幻想的欺骗。我心中在想："圣甲虫和其他一些甲虫是粪球制作工匠。那是它们的行当，不知它们是从哪儿学的这门手艺，也许是机体结构导致的，特别是因为它们有长长的爪子，而且有的爪子还稍微弯曲。如果它们在为卵而忙碌的话，那它们在地下继续发挥自己那制作粪球的特长又有什么可大惊小怪的呢？"

如果先不谈那些很难讲细致讲清楚的梨形和蛋形粪球突出的一端的话，剩下的就是最大的食物团，也就是昆虫在洞外制作的食物球团；还剩下的是圣甲虫在太阳地里把玩的而并不做他用的小粪球。

那么，这种在夏季酷热中被认为是最有效的防止干燥的球形物是做什么用的呢？就物理学而言，粪球及其相似形状粪蛋的这种特性是毋庸置疑的，但是，这两种形状同已克服的困难只有一种偶然的联系。机体结构导致其在田野里制作粪球的这种昆虫在地下仍在制作粪球。如果说幼虫直到最后都有软嫩的食物放在嘴边而悠然自得的话，那我们也别因此就对其母之本能大加赞扬。

为了最终说服自己，我得找一只仪表堂堂的食粪虫，它在日常生活中根本就不懂得粪球制作工艺，但产卵时刻到来时，它又会一反常态，把收集到的材料制作成粪球。我家附近有这样的食粪虫吗？有。它甚至是除圣甲虫之外最美最大的一种，那就是西班牙蜣（qiāng）螂，它前胸截成一个陡坡，头上也长着一个怪角，极其引人注目。

西班牙蜣螂身子矮胖，缩成一团，又圆又厚，行动迟缓，肯定对圣甲虫的体操技能一窍不通。它的爪子极短，稍有一点儿动静，爪子就缩回肚腹下面，与粪球制作工们的长腿简直无法相比。只要看看它那五短身材、笨拙的样子，就很容易猜想得到它是根本不喜欢推着一个大粪球去长途跋涉的。

西班牙蜣螂确实喜静不喜动。一旦找够了食物，夜间或者日暮黄昏时分，它就在粪堆下挖洞。挖的是个粗糙的洞，能放得下一个大苹果。然后，它三下两下地一扒拉，粪料便成了屋顶，或者至少挡在其门口；体积颇大的食物没有一个确切形状就落入洞中，这也正是它贪馋好吃的明证。只要宝贝食物没有吃完，西班牙蜣螂就不再回到地面，一门心思地大快朵颐。直到饭尽粮绝，这种隐居生活才会结束。于是，晚间它就又开始寻觅、收获、挖洞，另建一个临时居所。

有了这种无须事先准备就可吞食垃圾的本领，很明显眼下西班牙蜣螂根本就不去了解揉捏粪球的工艺。再者，它爪子短小，笨拙，似乎根本干不了这种工艺活儿。

五月里，最迟六月份，产卵期到了。西班牙蜣螂已习惯了用最肮脏的粪料填饱自己的肚子，这下要考虑自己的子女了，这就让它犯难了。如同圣甲虫一样，这时候它也必须弄到绵羊的软软的排泄物做成一个软面包。而且还得同圣甲虫一样，这个软面包必须营养丰富，就地整个儿地埋入地下，地面上不留任何残渣碎末，因为必须勤俭节约，一点儿也不能浪费。

只见它没有远行，没有运送，没有任何的准备工作，那个软面包就被划拉到洞里去，就在它自己栖身之地。为了自己的孩子们，它在重复做着原先为自己所做的事情。至于地洞，足有一个鼹鼠洞大，是个宽大的洞穴，离地有二十厘米左右深。我发现它比西班牙蜣螂大快朵颐时住的那种临时住宅要宽敞得多、精致得多。

不过，我们还是让西班牙蜣螂自由地干活儿吧。偶然发现的情况所提供的资料可能是不全面的，是片断的，内在关系也不明显。笼中的喂养就非常利于观察，而且蜣螂也十分配合。我们还是先看看它是怎么储存食物的吧。

在黄昏那朦胧的光线下，我看见它出现在洞门口。它是从地下深处爬上来收集食物的。它没花什么工夫就找到了：洞口附近就有很多的食物，是我放的，而且我还精心地常常更换。它天生胆小，一有动静就随时准备缩回去，所以它步子很缓慢，不灵活。它用头盔划拉、翻找，用前爪拖拽，很小的一抱食物就给弄出来了，却被拖散开来，掉成碎末。蜣螂拖着食物倒退着，消失在地下。不到两分钟的工夫，它又爬到地面上来了。它仍旧小心翼翼地，用展开的触角瓣探查周围，然后才跨出门槛。

粪堆与它之间相隔两三法寸。闯到粪堆那儿，对它来说可是一件了不得的大事。它宁愿食物正好位于其洞宅门旁，构成其住宅的屋顶。这样它就用不着出门，免得提心吊胆的。可我却另有打算。为观察方便起见，我把食物放在门口，但离洞口并不远。慢慢地，胆小的蜣螂心里踏实了，来到露天地里，到了我的面前，但我还是尽可能地不让它发现。它又没完没了地在一趟一趟地搬运食物了，但它搬运的总是一些不成形的碎块、碎屑，就像是用小镊（niè）子夹住的那样。

我对它储存食物的方法已经颇有了解，所以任由它自己继续这么干了大半夜。天亮时，地面上什么都没有了，蜣螂也就没再出来。只一夜工夫，足够的宝藏便堆积起来了。我们先等上一段时间，让它有余暇把自己的收获随其心愿整理存放好。在这个周末之前，我在笼子里翻挖，把我曾看见它存放一部分粮食的那个洞挖开来。

如同在野外的洞中一样，那是个屋顶不平的宽敞大厅，屋顶低矮，但地面几乎是平坦的。在大厅一角，有一个圆洞张开着，像是一个瓶口。那是太平门，通向一条地道，往上直达地面。在这个新土上挖成的住宅四壁都被精心压紧、压实，我挖掘时虽有震动，但没有坍塌。看得出来，蜣螂为了未来，施展了全身本领，费尽了全部挖掘工的力气，建造了坚固耐用的住宅。如果说那个只是为了在其中填饱肚子的陋室是匆匆挖成的，既无样式又不坚固的话，那么现在的这座房屋则是面积又大建筑又精美的地宫。

我怀疑雌雄蜣螂同心协力地完成了这项大的工程，至少，我经常看到一对蜣螂待在用于产卵的地洞里。这宽敞而豪华的屋子想必曾经是婚礼的彩厅；婚礼就是在这个大拱顶下举行的，而新郎想必帮着盖了这座大厅，以此来表达自己那不一般的爱情。我还猜想新郎也帮着新娘收集和存放粮食。在我看来，新郎是那么强壮，也一抱一抱地把粮食运往地宫。它们齐心协力，这份儿细致的活计就干得快了。但是，一旦屋内存粮已满，新郎就悄悄地退去，回返地面，去别处安家立命，让蜣螂妈妈独自去完成母亲的职责。雄蜣螂在这个家里的作用也就完成了。

在这个我们看见有那么多的小粒粮食运进来的地宫中能发现什么呢？一大堆乱七八糟的散乱颗粒吗？绝对不是的。我在里面发现的始终都是一个整块的大圆面包，占满了整个屋子，只在四周留下一条狭小的过道，只能容得下蜣螂妈妈来回走动。

这块巨大的蛋糕没有固定的形状。我见到过蛋形的，形状和大小如火鸡蛋；我也见到过扁平椭圆形的，状如一个普通的洋葱头；我还见到过几乎浑圆形的，如同荷兰奶酪一般；我也曾见到过朝上的一面圆圆的，微微鼓起，就像是普罗旺斯的乡村面包，或者更像是复活节时食用的蒙古包状的烤饼。不管是什么形状的，它的表面都很光滑，曲线也很均匀。

这下子我明白了：蜣螂妈妈把先后搬运进洞的无数散碎食物聚集起来，揉成一整块；然后，它把这一整块食物搅拌、混合、压实成为颗粒均匀的食物。我多次看到这位女面包师站在那个大面包上；与之相比，圣甲虫做的那个小粪球简直是小巫见大巫了。在这个有时有一厘米宽的粪球凸面上，西班牙蜣螂走动着，踱着步；它轻轻地拍打这个大面包，让它变得瓷实、均匀。我只能偷偷地瞥上一眼这个滑稽场景，因为一看见有人，女面包师便顺着弯曲的斜坡滑下来，藏于面包下面。

为了深入观察，研究细枝末节，必须要点儿花招。这并不困难。也许是因为我长期与圣甲虫打交道使我在研究方法上变得更加机灵了，也许是西班牙蜣螂心并不太细，更能忍受狭窄囚室的烦闷，所以我得以毫无阻碍、随心所欲地观察筑巢的各个阶段的情况。我使用了两种方法，每个方法都告诉了我某些特殊的东西。

在笼子里有了几个雌蜣螂做成的大面包之后，我便把蜣螂妈妈与这几个大面包一起搬出来，放到我的实验室里去。容器分两种，按我的愿望让它们或明或暗。如果我希望容器里面有光亮，我就用大口玻璃瓶，直径差不多与蜣螂洞一般大小，也就是十二厘米左右。每只瓶子底部铺了一层薄薄的新沙子，薄得蜣螂无法钻进去，却足以让它不致在玻璃地上滑来滑去，而且还让它以为是与我刚让它搬离的地方一样的沙地。我把蜣螂妈妈及其大面包就放在这层沙子上。

无须指出，即使在光线极其微弱的状况下，蜣螂也会因惊吓而不做什么的。它需要完全无光亮，于是我便用一个硬纸板盒把大口瓶给罩起来了。我只要小心翼翼地稍稍掀起一点儿这个硬纸板盒，就可以在我认为合适的时间随时借着室内的弱光，偷窥女囚正在干什么，甚至能观察上好一段时间。大家都看到了，这个方法比我当时想观察圣甲虫制作梨形粪球时所使用的方法简便得多。西班牙蜣螂性格更温驯一些，适合使用这种方法，换了圣甲虫可能就行不通了。因此，我在实验室的大桌子上放了一打这样的可明可暗的容器。谁要是见到这一溜瓶子，可能会误以为灰纸盒下面盖着的是异邦的食品调料哩。

如果要全不透光的，我就用花盆，里面堆上新沙子。花盆下面弄成一个窝，用硬纸板搭个屋顶，挡住上面的沙子，蜣螂妈妈和它的大面包就放在窝里。或者我干脆就把它和它的大面包放在沙子上面。它会自己挖洞做窝，把面包藏进去，如同平常一样。无论采用哪种方法，都得用一块玻璃片盖住，免得让俘虏逃逸。我期待着这些不同的不透亮的容器能为我澄清一个棘手（形容事情难办，像荆棘刺手）的问题，这个问题我以后会阐明的。

这些用不透亮的纸盒罩住的大口瓶能告诉我们一些什么呢？能告诉我们许多东西，非常有趣的东西。它们让我们知道，这个大面包尽管形状多变，但它始终是规则的，它的曲线并非滚动导致的。我们在检查天然洞穴时已经很清楚，这么大的一个圆球几乎占满了整个屋子，所以是无法滚动的。再者，蜣螂也没有这么大的力气去推动这么大的一个粪球。

不时地查看大口瓶都会得到同一个结论。我看见蜣螂妈妈立于面包上，这儿摸摸那儿敲敲，轻轻地拍打，抹平突出的地方，把粪球修整得臻于完善；我还从未见到过它试图把那个大家伙翻转过来。这就十分清楚了：圆面包并非滚动而成的。

蜣螂妈妈的勤奋与耐心细致让我想到我以前从未想到的一个问题：制作的时间之长。为什么要对这块大东西翻来覆去地修修补补？为什么在吃它之前要等待那么长的时间？确实，要经过一个星期甚至更长的时间之后，蜣螂在面包上打磨，使它变得光鲜之后才决心享用它。

当面包师把面团和好搅匀之后，就把它拢成一堆，放到和面槽的一个角落里。在体积大的面团内，面包发酵的温度调节得更好。蜣螂深谙面包制作的这一诀窍。它把收集到的食物堆在一起，精心揉制，做成粗坯，然后再让其有时间去进行内部发酵，让粪团味道变美，并让其有一定的硬度，以利于日后的加工。只要这道化学程序没有完成，女面包师及其小伙计就会等待。对蜣螂来说，这个等待时间很长，至少得一个星期。

发酵成功了。小伙计把大面团分成小面团。女面包师也在这么干。它用头盔上的大刀和前爪上的锯齿切开一个圆槽口，并切下一小块体积规则的面团来。这切割动作干净利落，一刀成形，无须再修修补补，完全符合要求。

现在就要加工这个小面团了。于是，蜣螂便用它那似乎并不适于这种工作的短小的爪子尽量地抱住小面团，使用其唯一可以使用的挤压方法把小面团加以挤压。它非常认真执着地在尚未定型的粪球上移动着，上上下下，左转右绕，有板有眼地这儿多压几下，那儿少压几下，然后又始终耐心细致地加以修饰。如此这般地干了二十四小时之后，凹凸不平的粪团就变成了有如梨子般大小的完美的球形面包了。在它那拥挤狭小的车间的一角，矮胖的艺术家几乎待在原地不动地完成了自己的杰作，而且一次也没挪动过那个面团。经过耐心细致的长时间工作之后，它终于制作成了那个十分浑圆的球形，而这是它那笨拙的工具以及狭小的空间让人觉得根本不可能完成的事。

它还得花较长的时间去仔细完善、抹光那个球形，用爪子温情地翻来覆去地抹，直到把一点点突兀都给抹掉为止。看上去它那细心的涂抹永无止境似的。但是，将近第二天的傍晚时分，它认为这个圆球已经合适了。蜣螂妈妈爬上其建筑物的圆顶，一直在压挤，在上面压出一个不怎么深的火山口来。它把卵产在这个小盆里了。

然后，它用极其粗糙的工具，以极大的谨慎与惊人的细致，把火山口边缘聚拢，做成一个拱顶，盖在卵的上方。蜣螂妈妈慢慢地转动，把粪料一点点地耙拢，推向高处，把顶封上。这是各个工序中最棘手的活儿。稍稍压重一些，扒拉得不到位，都可能危及薄薄的天花板下的虫卵。封顶的工作不时地要停一停。蜣螂妈妈低着头，一动不动，似乎在屏息聆听，看看洞内有何异常。

看来安然无恙，于是，耐心的女工又开始干起来：从两侧一点点往屋顶耙粪料，屋顶逐渐变尖、变长。一个顶端很小的蛋形就这样代替了球形。在多少有点儿凹凸的蛋形下面的就是虫卵的孵化室。这项细致的活计还得花上二十四小时。加工粪球，在粪球上挖出个小盆，在盆内产卵，把圆盆封顶盖住虫卵，这些工序加在一起需要四十八小时，有时还要更久一些。

蜣螂妈妈又回到了那个被切去一块的大面包旁。它又切下了一小块，用同样的操作办法把它变成了一个蛋形粪球，在又一个小盆中产下卵。余下的粪球面包还可以做第三个，甚至还常常可以做第四个蛋形粪球。蜣螂妈妈在洞穴里只堆积了唯一的一个粪料堆，据我所见，顶多也就够做四个蛋形粪球。

卵产下后，蜣螂妈妈便待在自己那小窝里，里面差不多满满当当地挤放着三四只摇篮，一个一个紧挨在一起，尖的一头冲上。它现在要干什么呢？想必是要出去转转，这么久没有进食，得恢复一下体力了吧？谁要是这么想那就大错特错了。它仍旧待在窝里，自从它下到洞中，它什么都没有吃过，绝对没有去碰那个大面包；大面包已经分成几等份，将是它的子女们的食粮。在疼爱子女方面，西班牙蜣螂克制自己的精神确实非常感人，宁可自己挨饿也绝不让子女缺少吃喝。

它这么忍受饥饿还有第二个原因：守护在摇篮边上。自六月底开始，地洞就难以弄成了，因为雷雨大风以及行人的踩踏，洞都消失了。我所看到的几个洞穴里，蜣螂妈妈总是在一堆粪球边上打盹儿；每个粪球里都有一条已发育完全的胖嘟嘟的幼虫在大吃大喝着。

我用那些装满新沙子的花盆做的不透亮的容器里的情况证实了我从田野上所看到的情况。蜣螂妈妈们于五月上旬连同食物被埋进沙里，它们就再没有在玻璃罩下的地面上露过面。产完卵后，它们便在洞中隐居了；它们同它们的那些粪球一起度过闷热的伏天，毫无疑问，它们是在守护着那些摇篮，我把大口玻璃瓶盖子揭开看到的就是这种情况。

直到九月份头几场秋雨过后，它们才爬到外面来。而这时候，新的一代已经完全成形了。蜣螂妈妈在地下很高兴地看到子女们长大了，这在昆虫界是极其少有的天伦之乐。它听见自己的孩子们刮擦着茧子要破茧而出；它看见它如此精心加工的保险箱被打破；如果地面的湿气没能让囚室变得软一些的话，它也许会走上前去帮自己那些精疲力竭还出不来的孩子。妈妈及其孩子们一起离开地洞，一起上来迎接秋高气爽，这时节，太阳暖洋洋的，路上绵羊的天赐美食比比皆是。

（本篇选自《昆虫记》原著第五卷）

粪金龟和公共卫生

导读

很多人不喜欢食粪虫，但实际上，处理粪便的食粪虫却是净化环境的小勇士。就拿粪金龟来说吧，它一夜就能挖好一立方分米的洞穴，并把同样体积的动物粪便拖进洞穴藏好。它通过辛勤的劳作，消灭、掩埋带菌物质，起到了净化土壤、肥沃土地的作用。如果你对食粪虫还有偏见，那一定是你还不够了解它为人类做出的贡献。

食粪虫以成虫的形态完成一年的轮回，在来年春季的欢乐节日里由自己的子女们围在膝前，而且家里添丁进口，成员翻了一两番，这在昆虫的世界里肯定是无出其右的。蜜蜂这种本能方面的贵族，一旦蜜罐装满也就随即死去；另一位贵族——蝴蝶，虽非本能方面的贵族，却是服饰华美的贵族，当它把自己那成团的卵固定在得天独厚之地时也随即离开人间；浑身披着铠甲的步甲虫在把自己的子孙后代撒放在乱石下之后，随即也就命归黄泉了。

其他昆虫也是如此，除了那些群居的昆虫之外。群居昆虫的母亲能够独自或在仆从陪伴下幸存下来。规律是带普遍性的：昆虫天生是无父无母的孤儿。可我们要讲的这种情况却是一种意想不到的反常现象：卑贱的滚粪球工却逃过了那种扼杀高贵者的残酷规律。食粪虫尽享天年，成了长寿元老，而且鉴于其所做的贡献，它也确实当之无愧。

有一种公共卫生要求在最短的时间里把任何腐烂的东西全部清除干净。巴黎至今尚未解决它那可怕的垃圾问题，这迟早是这座巨大城市的生存或死亡的问题。大家在寻思，这城市之光会不会有这么一天被土壤中饱含的腐烂物质散发出的臭气给熏得熄灭了。聚集着数百万人口的大都市虽拥有无尽的财力与智力但也无法解决的问题，一个小小的村庄却无须花钱、无须操心费力就给解决了。

大自然对乡村的清洁卫生倾注关怀，但对城市的舒适漠然置之，虽说还谈不上是充满敌意。大自然为乡间田野创造了两类清洁工，没有什么能使之厌烦倦怠、疲劳懒散的。第一类是苍蝇、葬尸虫、皮蠹（dù）、食尸虫类、阎虫科，它们专司尸体解剖。它们把尸体分割切碎，在自己的胃里把碎尸烂肉消化之后再还以生命。

一只鼹鼠被耕作的农具划破肚皮，它的业已发紫的脏腑（fǔ）把田间小径弄污；一条栖息在草地上的游蛇被行人踩死，这个蠢货还以为自己是除了祸害，干了好事；一只尚未长毛的雏鸟从窝里摔下，落在托着其窝的大树下面，可怜巴巴地摔成了肉酱……成千上万的这种残尸碎肉无处不在，如果不及时地加以清理，其臭气将成为很大的公害。但我们也不必害怕：这种尸体一旦在某处出现，小收尸工们便立即赶到。它们随即对尸体进行处理，掏空内脏，吃得只剩下骨头，或者至少要把尸体弄得如同一具干尸。用不了二十四小时，死去的鼹鼠、游蛇、雏鸟等便没了踪影，环境卫生保持住了。

第二类清洁工也同样是热情饱满的。城市里为了清洁卫生而在厕所里用氨水消毒，其味极其难闻，农村里的厕所就用不着洒氨水。农民在需要独自一人待着时，一堵矮墙、一道藩篱、一丛荆棘即可避人耳目。无须赘言，你一定会知道此人在那里干什么。当你被一簇簇长生草、厚厚的苔藓以及其他一些美丽的东西装点的陈砖旧瓦所吸引，走近一堵好似为葡萄培土的矮墙边时，哇呀！在这如此美丽的隐蔽处跟前，那是一大摊什么玩意儿呀！你赶紧逃之夭夭，苔藓、长生草、青苔等都不再吸引你了。你第二天再去原地看一看，那摊东西不见了，那块地方变得干净了：食粪虫来过这里。

防止屡屡出现的有碍观瞻的东西被人看到，对于这些勇士来说，只是它们职责中最微不足道的；它们肩负的是一项更崇高的使命。科学向我们证实，人类最可怕的种种灾祸都能在微生物中找到根源；微生物与霉菌相近，属于植物界的极边缘的生物。在流行病暴发期间，这些可怕的病原菌在动物的排泄物中迅速地大量地繁殖。它们污染着空气和水这两种生命的第一要素；它们散布在我们的衣物、食物上，把疾病传播开来。凡是被这些病原菌污染了的东西统统都要用火烧掉，用消毒剂消灭掉，用土深埋掉。

为保险起见，绝不要让垃圾积存在地面上。垃圾是否无害？垃圾是否危险？虽然说不准，但最好还是把垃圾消除掉。早在微生物让我们明白这种警惕是多么必要之前，古代的贤哲似乎就已经明白了这一点。东方民族比我们更容易受到传染病的危害，他们早已在这一方面掌握了一些明确的规律。摩西〔《圣经》中犹太人的古代领袖。据《出埃及记》记载，摩西带领在埃及为奴的犹太人迁回迦南（今巴勒斯坦、叙利亚和黎巴嫩沿海地区）〕虽然是古埃及这方面科学的传播者，在自己的人民在阿拉伯沙漠中流浪的时候，他已经在法典中制定了处理的方法。他说道："你为了解决自己的内急，你就走出营地，带上一根尖头棍子，在沙地上挖个坑，然后再用挖出的沙土把你的污秽物掩埋起来。"这种处理方法简单之中透着重大意义。

普罗旺斯农民也像自己祖先中的一支阿拉伯人一样不注意卫生，根本不考虑这方面的险情。幸好，摩西训诫的忠实执行者——食粪虫在为此而辛勤劳作。消灭、掩埋带菌物质的全都是它。以色列人一有内急要解决便腰里别着一根尖头棍跑出营地，而食粪虫也随即赶到，还带着比以色列人的尖头棍更高级的挖掘工具。解手的人一走，它便立即挖出一个井坑，把污秽物深埋掉，不再产生危害。

这帮掩埋工所搞的服务工作对于野外的环境卫生意义十分重大；而我们，这种净化工作的主要受益者，反而对这些小勇士有点儿鄙夷（bǐyí，轻视；看不起）不屑，还用粗言恶语对待它们。做好事，不为人理解，反遭恶名，被石头砸死，被人用脚踩死。看来这已成了一定之规了。蟾蜍、刺猬、猫头鹰、蝙蝠，以及其他一些为我们服务的动物，就是明证，它们不企求我们什么，只是希望我们多少有点儿宽容心。

那些垃圾污物肆无忌惮地暴露在太阳地里，而保护我们免受其害的，在我们这一带，最英勇卓绝的卫士就是粪金龟。这并不是因为它们比其他埋粪工更加勤快，而是因为它们有一副好的身子骨，能干苦活儿累活儿。再者，当需要稍稍恢复一下体力时，它们则喜欢对我们最恶心的污秽物下手。

我们附近有四种粪金龟在从事这项工作。有两种（突变粪金龟和野生粪金龟）比较罕见，我们也就不专门去观察、研究它们了；相反，另外两种（粪生粪金龟和伪善粪金龟）却十分常见。后两种粪金龟背部墨黑，胸前都穿着华美的衣服。看到专事淘粪的工人竟穿得如此漂亮，我不禁惊讶无语。粪生粪金龟面部下方像紫水晶般闪亮，而伪善粪金龟的面部下方则闪烁着黄铜的光芒。我笼子里喂养着的就是这两种粪金龟。

我们先来看看它们作为掩埋工都有哪些能耐。笼中一共有十二只，两种粪金龟混在一起。笼子里原先放置了大量食物，这一次事先把所剩的吃食全部清除掉了。我想估算一下一只粪金龟一次能掩埋多少东西。日落时分，我把刚在我家门前拉了一摊的骡子的粪便放进笼子里去给那十二个囚徒。那摊粪便不算少，足可装上一篮子。

第二天早晨，那摊骡粪全都埋于地下了。地上几乎一点儿也没有了，顶多有点儿碎渣渣什么的。我因此可以大致估算出：按每只粪金龟都干了同样的工作量，那它们每人掩埋了大约有一立方分米的粪便。如果我们想到它们那瘦小的身材，又要挖洞又要运物，那真叫人感叹：这可真像泰坦（希腊神话中的巨神族，乌拉纽斯和地神格伊阿所生的十二个子女）干的活儿呀。而且，这还仅仅用了一个夜晚而已。

它们存粮这么丰富，是不是就守着财富待在地下不出来了？绝不是这样的！现在正是大好时光。黄昏来临，宁静温馨。现在正是精神振奋、心情舒畅的时刻，正是去远处大路上寻物觅宝之时，因为路上正有牛羊群放牧归去。我的住客们离开了地窖，反身回到地上。我听见它们簌（sù）簌地在爬栅栏，冒失地撞到壁板上，黄昏时的这番热闹气氛我是预料到的。我白天已经收集了与头一天一样丰盛的食物，正好拿来喂给它们。到了夜里，这些食物又都不见了踪影。第二天，地面上又干干净净的了。只要夜色美好，只要我总有足够的东西满足这帮贪得无厌的敛财奴，那么这种情况就会永远继续下去的。

尽管其食物异常丰富，粪金龟在日落时分还是会离开已储存的食物，在太阳的余晖中嬉戏，并去寻找新的开发工地。对于它来说，好像已得到的并不算什么，只有将要得到的才有价值。那么，每晚黄昏那美好时刻它所更新的粮食仓库，它到底用来干什么呢？很明显，粪金龟一夜之间是无法消费完这么丰盛的食物的。它储存的食物多得已不知如何处理；它只知积攒，却不完全利用；而且，它还总也不满足于自己那满仓粮，每晚还在拼死拼活地忙着往仓库里运送。

它随处建造粮仓，每天随便遇上哪座仓库便在那里弄些吃上一顿，吃不了的就几乎全部剩在那儿。从我笼子里喂养的粪金龟来看，它们那种掩埋工的本能要比作为消费者的食欲来得迫切。笼子里的地面在增高，我则不得不随时把它弄平。如果我把土堆挖开，我就会发现坑井中堆满了粪便，厚厚的，原封未动。原先的泥土已经变成了粪和土的结块，难以分开，如果我要继续观察而不致搞错，就得大加清理才行。

要想把结块中的粪便分离出来，总免不了有误差，不是分出来的多了，就是分出来的少了，与精确的量难以一致，但从我的观察中，有一点是明白无误的：粪金龟是热情似火的掩埋工，它们往地下运送的食物远远超过它们日常之所需。这样的一种掩埋工作是由一大群出力多少不一的合作者的劳动大军完成的，所以很显然，土壤的净化在很大的程度上得以实现，而且有这么一支辅助性的劳动大军在做出贡献，公共卫生的保持也才能有望，这是值得庆幸的。

此外，植物以及因植物的连锁反应而连带的一大批生物也得益于这种掩埋工作。粪金龟埋到地下并于第二天抛弃的那些东西并未丢失，远未丧失其利用价值。世界的结算中什么也不会丢失的，清单的总数是永恒的。粪金龟埋起来的小块软粪便将会使周围的一簇禾本科植物枝繁叶茂。一只绵羊路过这儿，把这丛青草吃掉。羊长肥，人也就有了美味羊腿可以享受了。粪金龟的辛勤劳动给我们带来了一个美味肉块。

九十月份，当头几场秋雨浸透土壤，圣甲虫得以打破出生的牢笼时，粪生粪金龟和伪善粪金龟开始建造自家住宅，这住宅建造得很简陋，有辱这些享有挖土工美称的勇士。如果单纯是挖掘一个避难所以防冬季的严寒的话，粪金龟倒也不负其挖土工之美名：在井的深度、工程之完美和速度方面，没有谁可与之相提并论。在沙土地和不难挖掘的土地上，我曾发现一些坑洞，洞深竟达一米。还有的能挖得更深，我因为没有耐心，再说工具也不凑手，也就没有去挖挖看究竟深有几许。这就是粪金龟，熟练的挖井工，无人可及的打洞者。如果天寒地冻，它会下到不用担心霜冻的地层。

但是，建造子孙住宅就是另一码事了。美好季节转瞬即逝；如果要给每只卵配备一个这样的地堡，那时间是来不及的。要挖掘一个深洞，粪金龟就必须把冬天来临之前的空闲时间全部用上，别无他法。要使避难所更加安全，它就得把心思全用在造房建屋上，暂时不能去干别的事情。可在产卵期间，这么辛勤的劳作是不可能的。时间过得很快。它得在四五个星期内给很多的子女住的吃的，这就无法长时间地去挖深井了。

粪金龟为其幼虫挖的地洞并不比西班牙蜣螂和圣甲虫挖的深多少，尽管季节有所不同。就我在野地里发现的所有地洞来看，也就是三分米左右，尽管那儿的土很好挖，挖多深都没问题。

这种简陋的住处状如一段香肠或猪血腊肠，长度不超过两分米。这段香肠几乎都是不规则的，有时弯曲，有时又多少有些凹凸不平。这种不完美的情况是由石头地的高低起伏所导致的，粪金龟是直线和垂直的挖掘工，无法总是按照自己的艺术标准去挖掘。于是，与地道紧贴在一起的粮食也就很忠实地再现了其模具的不规则性。香肠底部是圆的，如同地洞底部一样。这圆圆的底部就是孵化室，这圆形的孵化室可以放下一只小榛子。因胚胎的需要，室的侧壁挺薄，空气能很容易地透进来。在孵化室内，我看到有一种带点儿绿的黏液在闪亮，那是疏松多孔的粪核的半流质状物质，是粪金龟妈妈吐出来喂给新生幼儿的头一口食物。

卵就睡在这个圆圆的小窝里，与四周无任何接触。卵是白色的，呈加长的椭圆形，与成虫的体积相比较，卵的体积够大的了。粪生粪金龟的卵长有七八毫米、宽有四毫米多，伪善粪金龟卵的体积要稍小一点儿。

（本篇选自《昆虫记》原著第五卷）

隧 蜂

导读

对于“隧蜂”这个名字，你可能会感到陌生，但如果告诉你它其实是蜜蜂的一种，也许你能在心中勾画出它的大致形象。蜜蜂从来都是勤劳的象征，隧蜂也不例外。但奇怪的是，常常有其他昆虫来打劫它们好不容易弄到的食物，而它们却一点儿也不生气。这是为什么呢？

你了解隧蜂吗？你大概不了解。这无伤大雅：即使不了解隧蜂，照样可以品尝人生的种种温馨甜蜜。然而，只要努力地去了解，这些不起眼的昆虫就会告诉我们许多奇闻趣事，而且，如果我们对这个纷繁的世界拓宽一点儿我们的知识面的话，同隧蜂打打交道并不是什么让人鄙夷不屑的事。既然我们现在有空闲的时间，那就了解了解它们吧。它们值得我们去了解。

怎么识别它们呢？它们是一些酿蜜工匠，体形一般较为纤细，比我们蜂箱中养的蜜蜂更加修长。它们成群地生活在一起，身材和体色又多种多样。有的比一般的胡蜂个头儿要大，有的与家养的蜜蜂大小相同，甚至还要小一些。这么多种多样，会让没经验的人束手无策，但是，有一个特征是永远不会改变的。任何隧蜂都清晰可辨地烙有本品种的印记。

你看看隧蜂肚腹背面腹尖上那最后一道腹环。如果你抓住的是一只隧蜂，那么其腹环则有一道光滑明亮的细沟。当隧蜂处于防卫状态时，细沟则忽上忽下地滑动。这条似出鞘兵器的滑动槽沟证明它就是隧蜂家族之一员，无须再去辨别它的体形、体色。在针管昆虫属中，其他任何蜂类都没有这种新颖独特的滑动槽沟。这是隧蜂的明显标记，是隧蜂家族的族徽。

四月份，工程谨慎小心地开始了，不是一些新土小包的话，外面是一点儿也看不出来的。外面工地上没有一点儿动静。工匠们极少跑到地面上来，因为它们在井下的活计十分繁忙。有时候，这儿那儿，有这么一个小土包的顶端晃动起来，随即便顺着圆锥体的坡面滑落下去，这是一个工匠造成的，它把清理的杂物抱出来，往土包上推，但它自己并没露出地面。眼下，隧蜂只忙活这种事。

五月带着鲜花和阳光来了。四月里挖土方的工人现在变成了采花工。我无论何时都能够看见它们待在开了天窗的小土包顶上，个个都浑身沾满黄花粉。个头儿最大的是斑纹蜂，我经常看见它们在我家花园小径上筑巢建窝。我们仔细地观察一下斑纹蜂。每当储存食物的活计干起来的时候，总会不知从何处突然来了这么一位吃白食者。它将让我们目睹强抢豪夺是怎么回事。

五月里，上午十点钟左右，当储备粮食的工作正干得欢时，我每天都要去察看一番我那人口稠密的昆虫小镇。我在太阳地里，坐在一把矮椅子上，弓着腰，双臂支膝，一动不动地观察着，直到吃午饭时为止。引起我注意的是一个吃白食者，是一种叫不上名字的小飞虫，却是隧蜂的凶狠的暴君。

这歹徒有名字没有？我想应该是有的，但我并不太想浪费时间去查询这种对读者来说并没多大意义的事情。花时间去弄清枯燥的昆虫分类词典上的解说，倒不如把清楚明白的叙述事实提供给读者为好。我只需简略描绘一下这个罪犯的体貌特征就可以了。它是一种身长五毫米的双翅目昆虫，眼睛暗红，面色白净，胸廓深灰，上有五行细小黑点，黑点上长着后倾的纤毛，腹部呈浅灰色，腹下苍白，爪子系黑色。

在我所观察的隧蜂中，它的数量很多。它常常蜷缩（蜷曲而收缩。蜷，quán）在一个地穴附近的阳光下静候着。一旦隧蜂收获归来，爪上沾满黄色花粉，它便冲上前去，尾随隧蜂，前后左右飞来转去，紧追不舍。最后，隧蜂突然钻入自家洞中，这双翅目食客也随即迅疾落在洞穴入口附近。它一动不动地，头冲着洞门，等待着隧蜂干完自己的活计。隧蜂终于又露面了，头和胸廓探出洞穴，在自家门前停留片刻。那吃白食者仍旧纹丝不动。

它们常常是面对面，间隔不到一指宽。双方都不动声色。隧蜂没有戒备伺机偷食的食客，至少，其外表之平静让人做如是想；而偷食客也丝毫没有担心自己的大胆行为会受到惩罚。面对一根手指头就能把它压扁的巨人，这个侏儒却仍旧岿然（高大独立的样子。岿，kuī）不动。

我本想看到双方有哪一方表现出胆怯来，却未能如愿：没有任何迹象表明隧蜂已知自己家里有遭到打劫之虞（yú，忧虑）；而偷食客也没有流露出任何因会遭到严厉惩处而有的担心。打劫者与受害者双方只是互相对视了片刻而已。

巨大的宽宏大量的隧蜂只要自己愿意，就可以用其利爪把这个毁其家园的小强盗给开膛破肚了，可以用其大颚压碎它，用其螯针扎透它，但隧蜂压根儿就没这么干，却任由那个小强盗血红着眼睛盯住自己的宅门，一动不动地待在旁边。隧蜂表现出这种愚蠢的宽厚到底是为什么呢？

隧蜂飞走了。小飞蝇立刻飞进洞去，像进自己家门似的大大方方。现在，它可以随意地在储藏室里挑选了，因为所有的储藏室都是敞开着的；它还趁机建造了自己的产卵室。在隧蜂归来之前，没有谁会打扰它。让爪子沾满花粉，胃囊中饱含糖汁，是件颇费时间的活计，而私闯民宅者要干坏事也必须有充裕的时间。但罪犯的计时器非常精确，能准确地计算出隧蜂在外面的时间。当隧蜂从野外返回时，小飞蝇已经逃走了。它飞落在离洞穴不远的地方，待在一个有利位置，瞅准机会再次打劫。

万一小飞蝇正在打劫时，被隧蜂突然撞见，会怎么样呢？出不了大事的。我看见一些大胆的小飞蝇跟随隧蜂钻入洞内，并待上一段时间，而隧蜂则正在调制花粉和蜜糖。当隧蜂掺兑甜面团时，小飞蝇尚无法享用，于是它便飞出洞外，在门口等待着。小飞蝇回到太阳地里，并无惧色，步履平稳，这就明显地表明它在隧蜂工作的洞穴深处并未遇到什么麻烦事。

如果小飞蝇太性急，太讨厌，围着糕点转个不停，后颈上准会挨上一巴掌，这是糕点主人会有的举动，但也就仅此而已。盗贼与被偷盗者之间没有严重的打斗。这一点，从侏儒步履平稳、安然无恙地从忙着干活儿的巨人洞穴出来的样子就可以看得出来。

当隧蜂无论满载而归或一无所获地回到自己家中时，总要迟疑片刻，它迅速地贴着地面前后左右地飞上一阵。它的这种胡乱飞行让我首先想到的是，它在试图以这种凌乱的轨迹迷惑歹徒。它这么做确实是必要的，但它似乎并没有那么高的智商。

它所担心的并非敌人，而是寻找自家宅门时的困难，因为附近的小土包一个又一个，相互重叠，昆虫小镇街小巷窄，再加上每天都有新的杂物清理出来，小镇面貌日日有变。它的犹豫不决明显可见，因为它经常摸错门，闯到别人家中。一看到门口的细微差异，它立刻知道自己走错门了。

于是，它重又努力地开始弯来绕去地探查，有时突然飞得稍远一点儿。最后终于摸到自家宅穴。它喜不自胜地钻了进去，但是，不管它钻得有多快，小飞蝇还是待在其宅门附近，脸冲着其门口，等待着隧蜂飞出来后好进去偷蜜。

当屋主又出了洞门时，小飞蝇则稍稍退后一点儿，正好留出让对方通过的地方，仅此而已。它干吗要多挪地方呀？二者相遇是如此相安无事，所以如果不知道一些其他情况的话，你想不到这是窃贼与屋主之间的狭路相逢。

小飞蝇对隧蜂的突然出现并没有惊慌失措，它只是稍加小心了点儿而已。同样，隧蜂也没在意这个打劫它的强盗，除非后者跟着它飞，纠缠它。这时，隧蜂一个急转弯就飞远了。

吃白食者此刻也处于两难境地。隧蜂回来时甜汁在其嗉囊中，花粉沾在爪钳里，甜汁盗贼吃不着，花粉尚无定型，是粉末状的，也进不了口。再者，这一点点花粉也不够塞牙缝的。为了集腋成裘（狐狸腋下的皮虽然很小，但是聚集起来就能缝成一件皮袍。比喻积少成多。腋，yè；裘，qiú）制成圆面包，隧蜂要多次外出去采集花粉。必需之材料采集齐备之后，隧蜂便用大颚尖掺和搅拌，再用爪子将和好的面团制成小丸。如果小飞蝇把卵产在做小丸的材料上，经这么一番揉捏，那肯定是完蛋了。

所以，小飞蝇的卵将是产在做好的面包上面的，因为面包的制作是在地下完成的，吃白食者就必须进入隧蜂的洞宅。小飞蝇贼胆包天，果真钻下去了，即使隧蜂身在洞中也全然不顾。失主要么是胆小怕事，要么是愚蠢的宽容，竟然任窃贼自行其是。

小飞蝇悉心窥探、私闯民宅的目的并不是想损人利己，不劳而获。它自己就可以在花朵上找到吃的，而且并不费事，比这么去偷去抢要省劲儿得多。我在想，它跑到隧蜂洞中也就是想简单地品尝一下食物，知道一下食物的质量如何，仅此而已。它的宏大的、唯一的要事就是建立自己的家庭。它窃取财富并非为了自己，而是为了自己的后代。

我们把花粉面包挖出来看看。我们将会发现这些花粉面包经常是被糟蹋成碎末状，白白地浪费了。散落在储藏室地板上的黄色粉末里，我们会看见有两三条尖嘴蛆虫蠕动着。那是双翅目昆虫的后代。有时与蛆虫在一起的还有真正的主人——隧蜂的幼虫，但因吃不饱而孱弱不堪。蛆虫尽管不虐待隧蜂幼虫，但抢食了后者最好的食物。隧蜂幼虫可怜兮兮，食不果腹，身体每况愈下，很快便一命呜呼了。其尸体变成了微小颗粒，与剩下的食物混在一起，成了蛆虫的口中之物。

可隧蜂妈妈在孩子遭难之时在干什么呢？它随时都有空去看看自己的宝宝的。它只要探头进洞，便可清楚地知晓孩子们的惨状。圆面包糟蹋一地，蛆虫在钻来钻去，稍看一眼就全清楚是怎么回事了。那它非把窃贼子孙弄个肚破肠流不可！用大颚把它们咬碎，扔出洞外，简直是轻而易举的事。可是愚蠢的妈妈竟然没有想到这么做，反而任由鸠占鹊巢（比喻强占别人的房屋、土地、产业等。鸠，jiū）者逍遥法外。

随后，隧蜂妈妈干的事更加愚蠢。成蛹期来到之后，隧蜂妈妈竟然像封堵其他各室一样把被洗劫一空的储藏室用泥盖封堵严实。这最后的壁垒对于正在变形期的隧蜂幼虫来说是绝妙的防护措施，但是当小飞蝇来过之后，你这么一堵，那可是荒唐透顶了。隧蜂妈妈对这种荒唐之举却毫不犹豫，这纯粹是本能使然，它竟然还把这个空房给贴上封条。我之所以说是空房，是因为狡猾的蛆虫吃光了食物之后，立即抽身潜逃了，仿佛预见到日后的小飞蝇会遇到一道无法逾越的屏障似的。在隧蜂妈妈封门之前，它们就已经离开了储藏室。

吃白食者既卑鄙狡诈，又小心谨慎。所有的蛆虫都会放弃那些黏土小屋，因为这些小屋一旦被堵上，那它们就会葬身其间。黏土小屋的内壁有波状防水涂层，以防返潮，小飞蝇的幼虫表皮很敏感娇嫩，似乎对这种小屋倍感舒适，是其理想的栖身之地，然而蛆虫却并不喜欢。它们担心一旦变成小飞蝇，却被困在其中，所以便匆匆离去，分散在升降井附近。

我挖到的小飞蝇确实都在小屋外面，从未在小屋里面见到过它们。我发现它们一个一个都挤在黏土里的一个窄小的窝儿内，那是它们还是蛆虫时移居到此后营建的。来年春天，出土期来临时，成虫只需从碎土中挤出去就能到达地面了，这一点儿也不困难。

吃白食者的这种迫不得已的搬迁还有另一个，也是十分重要的原因。七月里，隧蜂要第二次生育。而双翅目的小飞蝇则只生育一次，其后代此时尚处于蛹的状态，只等来年变成成虫。采蜜的隧蜂妈妈又开始在家乡小镇忙着采蜜，它直接利用春天建筑的竖井和小屋，这可大大地节约了时间！精心构筑的竖井房舍全都完好如初。只需稍加修缮便可交付使用。

如果生就喜欢干净的隧蜂在打扫屋子时发现一只蝇蛹，会怎么样呢？它会把这个碍事的玩意儿当作建筑废料给处理掉。它会把这玩意儿用大颚夹起，也许把它夹碎，搬到洞外，扔进废物堆中。蝇蛹被扔到洞外，任随风吹日晒，必死无疑。

我很钦佩蛆虫明智的预见，不求一时之欢快，而谋未来的安然无恙。有两个危险在威胁着它：一是被堵在死牢中，即使变成飞蝇也无法飞出去；二是在隧蜂修缮宅子后清扫垃圾时把它一块儿扔到洞外，任随风吹雨打，抛尸野外。为了逃避这双重的灾难，在屋门封堵之前，在七月里隧蜂清扫洞宅之前，它便先行逃离险境。

我们现在来看一看吃白食者后来的情况。在整个六月里，当隧蜂休闲的时候，我对我那昆虫众多的昆虫小镇进行了全面的搜索，总共有五十来个洞穴。地下发生的惨案没有一件逃过我的眼睛。我们一共四个人，用手把洞里挖出的土过筛，让土从手指缝中慢慢地筛下去。一个人检查完了，另一个人再重新检查一遍，然后第三个人、第四个人再进行两次复检。检查的结果令人心酸。我们竟然没有发现一只隧蜂的虫蛹，一只也没有。这隧蜂密集于此的街区，居民全部丧生，被双翅目昆虫取而代之。后者呈蛹状，多得无以计数，我把它们收集起来，以便观察其进化过程。

昆虫的生活季节结束了，原先的蛆虫已经在蛹壳内缩小，变硬，而那些棕红色的圆筒却保持静止不动的状态。它们是一些具有潜在生命力的种子。七月的似火骄阳无法把它们从沉睡中烤醒。在这个隧蜂第二代出生期的月份中，好像上帝颁发了一道休战圣谕：吃白食者停工休整，隧蜂和平地劳作。如果敌对行动接二连三，夏天同春天时一样大开杀戒，那么受害太深的隧蜂也许就要灭种了。第二代隧蜂有这么长一段休养生息期，生态的平衡也就得以保持了。

四月里，当斑纹隧蜂在围墙内的小径上飞来飞去，寻找一个理想地点挖洞建巢时，吃白食者也在忙着化蛹成虫。啊！迫害者与受迫害者的历法是多么精确，多么令人难以置信呀！隧蜂开始建巢之时，小飞蝇也已准备就绪：它那以饥饿之法消灭对方的故技又重新实施了。

如果这只是一个孤立的情况，我们就不用去注意它了：

多一只隧蜂少一只隧蜂对生态平衡并不重要。可是，不然！以各种各样的方式进行杀戮抢掠已经在芸芸众生中横行无度了。从最低等的生物到最高等的生物，凡是生产者都受到非生产者的盘剥。以其特殊地位本应超然于这些灾难之外的人类本身，却是这类弱肉强食残忍表现的最佳诠释者。人在心中想：“做生意就是弄别人的钱。”正如小飞蝇心里所想：“干活儿就是弄隧蜂的蜜。”为了更好地抢掠，人类创造了战争这种大规模屠杀和以绞刑这种小型屠杀为荣的艺术。

人们每个星期日在村中小教堂里唱诵的那个崇高的梦想：“荣耀归于至高无上的上帝，和平归于凡世人间的善良百姓！”我们将永远也看不到它会实现。如果战争关系到的只是人类本身，那么未来也许还会为我们保存和平，因为那些慷慨大度的人在致力于和平。但是，这灾祸在动物界也极其肆虐，而动物是冥顽不化的，是永远不会讲道理的。既然这种灾祸是普遍现象，那也许就是无法治愈的绝症了。未来的生活令人不寒而栗，将会如同今日之生活一样，是一场永无休止的屠杀。

于是，人们便挖空心思，终于想象出来一个巨人，能把各个星球把玩于股掌之间。他是无坚不摧的力量的化身，他也是正义和权力的代表。他知晓我们在打仗，在杀戮，在放火，野蛮人在获得胜利；他知晓我们拥有炸药、炮弹、鱼雷艇、装甲车以及各种各样的高级杀人武器；他还知晓包括草民百姓在内的因贪婪而引起的可怕的竞争。那么，这位正义者，这位强有力的巨人，如果他用拇指按住地球的话，他会犹豫着不把地球按碎吗？

他不会犹豫的……但他会让事物顺其自然地发展下去的。他心中也许会想："古代的信仰是有道理的；地球是一个长了虫的核桃，被邪恶这只蛀虫在啃咬。这是一种野蛮的雏形，是朝着更加宽容的命运发展的一个艰难阶段。我们顺其自然吧，因为秩序和正义总是排在最后的。"

（本篇选自《昆虫记》原著第八卷）

成长启示

小飞蝇不仅抢掠隧蜂的食物，它的幼虫更挤占了隧蜂幼虫的生存空间，这样的行为实在让人不齿。而法布尔透过小飞蝇的行为，指出人类也存在这类抢掠和杀戮的强盗表现。如果想要远离野蛮和邪恶，使我们的社会变得更美好，我们每一个人都要成为一个善良的人，一个坚守秩序和正义的人。

要点思考

1. 为什么作者说隧蜂表现出一种"愚蠢的宽厚"？
2. 为什么蛆虫在隧蜂妈妈封闭储藏室之前就离开了？

延伸阅读

★本书名言记忆

◆你们是把昆虫开膛破肚，而我是在它们活蹦乱跳的情况下进行研究;你们把昆虫变成一堆既可怖又可怜的东西，而我则使得人们喜欢它们；你们在酷刑室和碎尸场里工作，而我是在蔚蓝的天空下，在鸣蝉的歌声中观察；你们用试剂测试蜂房和原生质，而我却研究本能的最高表现；你们探究死亡，而我却探究生命。

——《荒石园》

◆谁要是让我们把一把锯子从贴在其上的极薄的薄膜套里抽出来而又不对薄膜套有丝毫损伤，那我们必然是哈哈大笑，因为这根本就办不到。生命却嘲弄了这类的不可能。生命在必要时有办法实现荒诞的事情。

——《灰蝗虫》

◆如果我们不具备持之以恒的精神，那神秘缓慢的进程就会让我们看不到最激动人心的场面。

——《灰蝗虫》

◆观察者对什么都不应该忽视，因为永远也不会知道从最不起眼的事物中会产生出什么来。

——《象态橡栗象》

◆一小块注入了生命的能感受苦与乐的蛋白质，远远超过庞大的无生命的原料。

——《意大利蟋蟀》

◆对于大自然来说，我们的丑和美，我们的龌龊与干净算什么？大自然以污秽创造出鲜花，用一点点粪肥就能给我们创造出优质的麦粒。

——《圣甲虫》

相关名言链接

◇忍耐和坚持虽是痛苦的事情，但能渐渐地为你带来好处。

——奥维德

◇好奇的目光常常可以看到比他所希望看到的更多东西。

——莱辛

◇向着某一天终于要达到的那个终极目标迈步还不够，还要把每一步骤看成目标，使它作为步骤而起作用。

——歌德

◇一个深广的心灵总是把兴趣的领域推广到无数事物上去。

——黑格尔

◇无论什么时候，不管遇到什么情况，我绝不允许自己有一点点灰心丧气。

——爱迪生

◇我们应有恒心，尤其要有自信心！我们必须相信，我们的天赋是要用来做某种事情的。

——居里夫人

◇幸福的秘诀是：让你的兴趣尽量地扩大，让你对人对物的反应，尽量地倾向于友善。

——罗素

◇我认为，对一切来说，只有热爱才是最好的老师，它远远超过责任感。

——爱因斯坦

作者名片

亨利·法布尔（1823—1915），法国著名昆虫学家、文学家，被世人称为“科学界的诗人”“昆虫世界的荷马”“昆虫世界的维吉尔”。法布尔出身于农家，从小生活便十分贫困，但他通过自学获得了博士学位。他将自己一生的时光都用在了对昆虫的观察和研究上，《昆虫记》就是他在自己的荒石园中完成的大部头。这部著作记述了许多昆虫的知识，也写出了他对人生、生命、自然的感悟和态度，字里行间都透露着对生命和自然的热爱，是一部兼具学术价值和文学价值的巨著。

名家点评

法布耳（法布尔）的书中所讲的是昆虫的生活，但我们读了却觉得比看那些无聊的小说戏剧更有趣味，更有意义。他不去做解剖和分类的工夫（普通的昆虫学里已经说的够了），却用了观察与试验的方法，实地的纪录昆虫的生活现象、本能和习性之不可思议的神妙与愚蒙。

——周作人

《昆虫记》熔作者毕生的研究成果和人生感悟于一炉，以人性观察虫性，将昆虫世界化作供人类获取知识、趣味、美感和思想的美文。

——巴金

在这些天才式的观察中，融合热情与毅力，简直就是艺术品的杰作，令人感动不已。

——罗曼·罗兰

这个大科学家像哲学家一般地想，美术家一般地看，文学家一般地感受而且抒写。

——埃德蒙·罗斯丹

读后感例文

忘记群星璀璨又如何

——读《昆虫记》有感

在我的印象中，科学著作一般都是严肃而枯燥的，但我没想到在阅读过《昆虫记》后，自己会被这样一部描写昆虫的作品所深深感动。

法布尔，一位可爱的法国老头儿，在那生机勃勃的荒石园中，花了一生的时间去观察、研究昆虫，最后为它们写了一部传世名作——《昆虫记》。全书没有枯燥的科学术语，只有带着爱意和尊重的观察与记录。法布尔就像最会讲故事的人，把自己的浪漫和纯真交付在一只只昆虫身上，把它们不一样的生活描绘得生动、活泼和有趣。他又像一个有着金子般语言的诗人，善于运用各种富有趣味的写作手法，字里行间透露着对自然、对生活的热爱，努力把自然的丰富和趣味传递给每一位读者。

书中有那么多让人忍俊不禁的片段。观察圣甲虫推粪球时，作者忍不住默默地对这个笨拙的生灵说“该当心点儿了，傻蛋儿”。可怜的钻工象态橡栗象死在了自己的工地上，他惋惜又不失幽默地说这是一起“突然发生的工伤事故”。在他的笔下，昆虫不再仅仅受本能驱使，它们还拥有了人的情感。它们中间有温和善良，遇到抢劫自己甘美“井水”却大度忍让的蝉；有在寓言中是辛勤劳动者，实际上却是讨人厌的劫掠者的蚂蚁；有在交配时吃掉自己的伴侣，残忍可怕的螳螂；也有为爱痴狂，不惜付出生命去爱的大孔雀蝶……

法布尔为什么能把昆虫写得那么生动？因为对他来说，昆虫就是自己的好朋友。对待朋友，当然甘愿付出很多。再荒僻的村庄也抑制不住他能与昆虫做朋友的喜悦，即使头顶是无垠苍穹，但只要蟋蟀奏响那欢乐的交响曲，他便会忘记群星的璀璨。对他来说，“一小块注入了生命的能感受苦与乐的蛋白质，远远超过庞大的无生命的原料”。在观察和研究昆虫这件法布尔最热爱的事上，花上一辈子的时间又有什么不可以？甚至对他来说，一辈子的时间也太短了。

周作人说：“(《昆虫记》) 比看那些无聊的小说戏剧更有趣味，更有意义。”法布尔以人性观照虫性，并以虫性反观社会人生。善良、聪明、邪恶、狡猾……种种人的品性出现在昆虫身上，像极了人类生活的一面镜子。我们一边阅读，一边思考，随之或开心或叹息，也从中收获了属于自己的成长。

知识考点

一、填空题

1.《昆虫记》为我们介绍了许多有“个性”的昆虫：___________的腹环上有其他蜂类都没有的滑动槽沟；________“穿着栗色天鹅绒外衣，系着白色皮毛领带”；________外表典雅优美，但生性凶残，会以自己的同类为食。

2.“一个是昼间蟋蟀，一个是夜间蟋蟀，它们平分那美妙的季节。在前者停止歌唱期间，后者便开始唱起小夜曲来。”这段话中的“昼间蟋蟀”指的是________。

3. 众所周知，金步甲是________的天敌，所以无愧于它那________的称号。它是菜园和花坛的警惕的田野卫士。

二、选择题

1. 下列选项不属于食肉昆虫的是（　　）。

A. 螳螂　　B. 象态橡栗象

C. 萤火虫　　D. 绿蝈蝈

2. 下列昆虫不存在同类相残现象的是（　　）。

A. 螳螂　　B. 金步甲

C. 豌豆象　　D. 朗格多克蝎

3. 从生活习性的角度切入，下列昆虫不能被称为“清洁工”的是（　　）。

A. 西班牙蜣螂　　B. 米诺多蒂菲

C. 圣甲虫　　D. 朗格多克蝎

4. 雄性小阔条纹蝶可以从很远的地方找到雌蝶。据《昆虫记》所载，法布尔对小阔条纹蝶做了各种实验，最后推断雄性小阔条纹蝶是通过（　　）找到雌蝶的。

A. 嗅觉　　B. 视觉

C. 触觉　　D. 听觉

5. 下列关于《昆虫记》的表述有误的一项是（　　）

A. 介绍灰蝗虫蜕变时，作者写道:“蝗虫中央部位血液在一涌一退地流动着。”由此可看出作者观察之细。

B. 标题“金步甲的婚俗”运用了拟人化的写法，体现出作者对昆虫倾注了热烈情感。

C. 研究大孔雀蝶时，作者用钟形罩困住研究对象，表现出他对生命的蔑视。

D. 作者在荒石园四十年如一日地进行昆虫研究，展现出对科学的热情和毅力。

三、问答题

1. 法布尔将自己一生的时光都用在了对昆虫的观察和研究上，他所写的《昆虫记》不仅是一部文学巨著，也是一部昆虫百科。由此可以看出法布尔是一个怎样的人？

2. 在《昆虫记》中，你最喜欢的昆虫是什么？为什么？

参考答案

一、填空题

1. 隧蜂　大孔雀蝶　螳螂

2. 田间地头的蟋蟀

3. 毛虫　园丁

二、选择题

1. B（象态橡栗象主要以橡栗为食）

2. C

3. D

4. A

5. C（作者经常用钟形罩为各种昆虫布置合适的房间，这种做法既保证了研究的顺利进行，也给昆虫预留了足够的活动空间）

三、问答题

1. 示例：法布尔工作严谨，锲而不舍，他认真细心地对待每一种昆虫，通过实地观察开展研究工作，无论遇到什么困难都不轻言放弃，孜孜不倦地探索有关昆虫的真相。

2. 示例：我最喜欢的昆虫是螳螂。螳螂体形矫健，机警敏捷，它在休息时，把捕食利器收起来，一副在“祈祷”的样子；当有猎物出现时，它立刻收起那副“祈祷”姿态，勇猛地冲上前去。

无障碍阅读·彩插励志版

第一辑

《童年》
《西游记》
《红楼梦》
《水浒传》
《昆虫记》
《名人传》
《稻草人》
《格林童话》
《伊索寓言》
《城南旧事》
《爱的教育》
《三国演义》
《骆驼祥子》
《繁星·春水》
《安徒生童话》
《海底两万里》
《鲁滨逊漂流记》
《最后一头战象》
《朝花夕拾》
《钢铁是怎样炼成的》
《假如给我三天光明》
《汤姆·索亚历险记》

第二辑

《格列佛游记》
《绿山墙的安妮》
《雷锋的故事》
《唐诗三百首》
《成语故事》
《简·爱》
《中国古代寓言故事》
《中外民间故事》
《中外神话传说》
《中外历史故事》
《绿野仙踪》
《木偶奇遇记》
《寄小读者》
《小王子》
《老人与海》
《八十天环游地球》
《小橘灯》
《呼兰河传》
《论语》
《千字文》
《克雷洛夫寓言》
《小鹿斑比》
《中外名人故事》
《吹牛大王历险记》
《中华上下五千年》

第三辑

《荒野的呼唤》
《泰戈尔诗选》
《宝葫芦的秘密》
《小老鼠皮克历险记》
《小学生必背古诗词 75+80 首》
《小战马》
《红脖子》
《水孩子》
《安妮日记》
《列那狐的故事》
《柳林风声》
《人类的故事》
《欧也妮·葛朗台》
《小飞侠彼得·潘》
《汤姆叔叔的小屋》
《爱丽丝漫游仙境》
《地心游记》
《名人名言精读》

《尼尔斯骑鹅旅行记》
《神秘岛》
《森林报·春》
《森林报·夏》
《森林报·秋》
《森林报·冬》
《福尔摩斯探案集》
《莫泊桑短篇小说精选》
《四大名著知识点一本全》

第四辑

《欧·亨利短篇小说精选》
《细菌世界历险记》
《爷爷的爷爷哪里来》
《长腿叔叔》
《海蒂》
《朱自清散文精选》
《契诃夫短篇小说精选》

第五辑

《大林和小林》
《父与子》
《王子与贫儿》
《哈克贝利·费恩历险记》
《猎人笔记》
《居里夫人自传》
《格兰特船长的儿女》
《秘密花园》
《青鸟》
《人类群星闪耀时》
《寂静的春天》
《西顿野生动物故事集》
《飞向太空港》
《镜花缘》
《草原上的小木屋》
《会飞的教室》
《丛林故事》
《小巴掌童话》
《给青年的十二封信》
《白洋淀纪事》
《湘行散记》
《梦天新集：星星离我们有多远》

第六辑

《世说新语》
《聊斋志异》
《儒林外史》
《我是猫》
《了不起的盖茨比》
《少年维特的烦恼》
《神笔马良》
《拉封丹寓言》
《希腊神话故事》
《山海经》
《地球的故事》
《十万个为什么》
《中国民间故事》
《中国古代神话》
《非洲民间故事》
《森林报》
《一千零一夜》

第七辑

《小英雄雨来》
《闪闪的红星》
《赤色小子》
《刘胡兰传》
《两个小八路》
《小游击队员》
《铁道游击队》
《李四光随笔：穿过地平线》
《中国传统节日故事》
《世界经典神话与传说故事》
《欧洲民间故事：聪明的牧羊人》
《捣蛋鬼日记》
《胡桃夹子》
《兔子坡》
《带刺的朋友》
《今年你七岁》
《第七条猎狗》